# 水——生命的基石

燕恩亮 著

黄河水利出版社
·郑州·

图书在版编目(CIP)数据

水:生命的基石/燕恩亮著.—郑州:黄河水利出版社,2023.4

ISBN 978-7-5509-3552-5

Ⅰ.①水… Ⅱ.①燕… Ⅲ.①水资源管理-研究-中国 Ⅳ.①TV213.4

中国国家版本馆 CIP 数据核字(2023)第 072448 号

审　稿　席红兵　13592608739

责任编辑　文云霞　　责任校对　王单飞
封面设计　黄瑞宁　　责任监制　常红昕
出版发行　黄河水利出版社
地址:河南省郑州市顺河路 49 号　邮政编码:450003
网址:www. yrcp.com　E-mail:hhslcbs@ 126.com
发行部电话:0371-66020550
承印单位　河南瑞之光印刷股份有限公司
开　本　890 mm×1 240 mm　1/32
印　张　6.5
字　数　187 千字
版次印次　2023 年 4 月第 1 版　　2023 年 4 月第 1 次印刷

定　价　58.00 元

# 前 言

地球是一颗“水的行星”,液态水的存在是地球有别于其他行星的重要特征。水改变和塑造着地球表面,使地球的地貌形态变得丰富多彩。水传递热量,平衡气温,影响气候,形成云雨天气。最重要的是,水孕育了地球上的生命。

水资源是宝贵的自然资源,为人类的生存发展提供了物质基础,也是生态环境的重要组成部分;同时,水资源是社会经济和谐发展的保障,我国的可持续发展战略要求必须重视水资源的开发利用、节约治理,从而实现水资源的可持续发展。

就广义而言,水资源包括海洋湖泊、江河冰川及地下水等一切水体,但水资源通常特指区域范围内能够更新、恢复的淡水,即水循环过程中的地表径流、地下水和土壤水。因为地表水和地下水具有非常密切的关系,一般计算水资源的总量时要扣除地表水与地下水之间的重复量。

尽管我国幅员辽阔,但我国仍是水资源严重短缺国家之一,人均可利用水资源量低于世界平均水平。而随着我国城市生活水平逐渐提高,城市污水也在不断增加。大量数据表明,当污水量达到一定程度时,一些在污水中的有毒有害的物质都会积聚起来,若没有有效及时处理,就会导致城市用水的安全问题。我国大量工业企业带动了经济发展的步伐,这些工业企业发展规模不断壮大,却使工业废水污染更加严重,影响了人们的生活水平。所以,相关部门应针对工业污水的现状,提出完备的治理方案,以达到更好的工业污水治理的效果。我国作为农业大国,农业用水量也非常庞大,加重了生态环境的压力。农民对农作物施药以增加产量的同时,会导致严重的水污染,相关部门应加大对农业作业过程中的水污染进行控制,引入先进的技术方法,根治农业水污染,使农业经济快速增长与生态环境之间不会产生矛盾。

总而言之,随着人民生活水平的提高和对外开放的深入与世界经济技术的接轨需要,水资源的形势不容乐观。本书针对近年来我国水源,尤其是饮用水水质污染的特点和富营养化日渐突出等问题,结合现行饮用水水质标准,对水源水质污染的特征、水源水质内源污染及控制技术等方面内容进行了较为系统的阐述。

由于作者编写时间和水平有限,书中难免有不当之处,请读者批评指正。

作　者

2023年2月

# 目 录

# 第一章　水的基本概念

## 第一节　水的定义

### 一、什么是水

众所周知,水是万物之源,因为最早的微生物就是在水中诞生的。地球上所有的生命几乎都无法离开水,可是水到底是什么?

水的分子结构是2个氢原子加1个氧原子,可是水的存在形式有三种:液态、固态和气态。如果压强或温度改变,水的状态就可能发生变化。

可是在这几种形态转化过程中,水会发生什么变化呢?比如在液态和气态相互转化的过渡点上,水既会表现出液态水的性质,又会表现出气态水的性质,如液似气,两种形态无法区分,过了这个点后,它就会变为非液即气或非气即液的状态。这个点被称为临界点。

美国波士顿大学科学家彼得·普尔和吉恩·斯坦利在做实验时意外发现,低温下水的密度会发生起伏,温度越低,密度起伏越大。他们对这一反常的现象很感兴趣,因为通常情况下,温度越低,分子越不活跃,密度起伏应该越小。

为了弄清这是怎么回事,普尔和斯坦利团队模拟了水在过冷状态下的变化(所谓过冷水,指的是温度低于0 ℃的液态水)。模拟结果显示,过冷的水确实存在密度起伏,且密度起伏随温度降低而增大。

经过实验,该团队得出了一个结论:水有两种液体表现,而这种表现就是出现在第二个临界点上,在该临界点上,水的形态发生了变化,而任意一种转化成另外一种时,都会导致突然的密度变化,这一变化在临界点时最为显著。

那么水的两种液态表现到底是什么，其实就是一种密度高一点的液体和一种密度低一点的液体的混合。因为密度不同，两者之间的氢键长度和相互作用的强度也会不一样，这样就使其各种性质（比如黏滞性和扩散系数）也有差别。

不过对于这样的说法，很多人提出了反对意见，认为该结论不可信。其中一种观点认为，在非常低的温度下，过冷的水会转变成一种无序的固体，抑或这是水在凝固时的一种特殊现象。然而也有人表示，水的第二临界点是存在的，并且找出了证据。

而这两种不同表现分别是：一种水分子是无序而致密的，另一种是规则的四面体结构，密度较低。在常温常压下，低密度的水分子随机嵌入高密度水分子中，所以人们不可能看到这种现象。

不过这样的结果依然有很多人不相信，认为出现这种情况的原因不过是实验中记录对象是水滴，而水滴在整个过程中体积的变化极小，对于这微小的体积变化的解释有许多种，而第二临界点只不过是其中一种。

## 二、水的分类概念

### （一）地下水与地表水

地下水——有机物和微生物污染较少，而离子则溶解较多，通常硬度较高，蒸馏烧水时易结水垢；有时锰氟离子超标，不能满足生产生活用水需求。

地表水——较地下水有机物和微生物污染多，如果该地属石灰岩地区，其地表水往往也有较大的硬度，如四川的德阳、绵阳、广元、阿坝等地区。

### （二）原水与净水

原水——通常是指水处理设备的进水，如常用的城市自来水、城郊地下水、野外地表水等，常以 TDS 值（水中溶解性总固体含量）检测其水质，中国城市自来水 TDS 值通常为 100~400 ppm。

净水——原水经过水处理设施处理后即称之为净水。

**(三)纯净水与蒸馏水**

纯净水——原水经过反渗透和杀菌装置等成套水处理设施后,除去了原水中绝大部分无机盐离子、微生物和有机物杂质,可以直接生饮的纯水。

蒸馏水——以蒸馏方式制备的纯水,通常不用于饮用。

**(四)纯化水和注射用水**

纯化水——医药行业用纯水,电导率要求小于 2 μS/cm。

注射用水——纯化水经多效蒸馏、超滤法再次提纯去除热源后可以配制注射剂的水。

**(五)自由水和结合水**

自由水——又称体相水、滞留水,指在生物体内或细胞内可以自由流动的水,是良好的溶剂和运输工具。水在细胞中以自由水与束缚水(结合水)两种状态存在,由于存在状态不同,其特性也不同。自由水占总含水量的比例越大,使原生质的黏度越小,且呈溶胶状态,代谢也越旺盛。

结合水——水在生物体和细胞内的存在状态之一,是吸附和结合在有机固体物质上的水,主要是依靠氢键与蛋白质的极性基(羧基和氨基)相结合形成的水胶体。

# 第二节　水的结构

## 一、水的基本结构

水(化学式为 $H_2O$),是由氢、氧两种元素组成的无机物,无毒,可饮用。水在常温常压下为无色无味的透明液体,被称为人类生命的源泉,是维持生命的重要物质,也叫氧化氢。

水是地球上最常见的物质之一,地球表面约有 71%被水覆盖。它是包括无机化合、人类在内所有生命生存的重要资源,也是生物体最重要的组成部分。它在空气中含量虽少,但却是空气的重要组分。

纯水导电性十分微弱,属于极弱的电解质。日常生活中的水由于溶解了其他电解质而有较多的阴阳离子,才有较为明显的导电性。

水的外文名:Water;别名:氧化氢、氧烷、一氧化二氢;化学式 $H_2O$,分子量 18.015 2,熔点 0 ℃,沸点 100 ℃(标准大气压),密度 1 g/cm³,$10^3$ kg/m³($T$=4 ℃),常温下无色透明液体,应用:溶剂、维持生命、电子工业等,比热容 4.186 kJ/(kg · ℃),临界温度 374.3 ℃,临界压力22.05 MPa。

水分子的结构如图 1-1 所示。

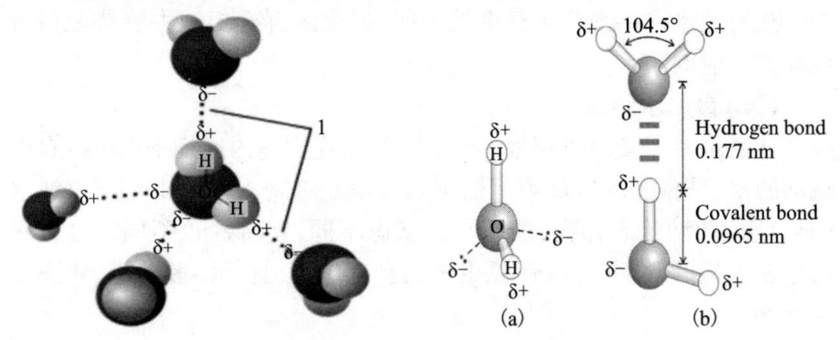


图 1-1 水分子的结构示意图

水在常温下为无色、无味、无臭的液体。

水在 3.98 ℃(常取 4 ℃)时密度最大,为 999.97 kg/m³,近似计算中常取1 000 kg/m³。固态水(冰)的密度(916.8 kg/m³)比液态水的密度(999.84 kg/m³)小,所以冰能漂浮在水面上。水结冰时,体积略有增加。

在标准大气压(101.325 kPa)下,纯水的沸点为 100 ℃,凝固点为 0 ℃。

## 二、水的物化性质

### (一)水的物理特性

1.水的形态、冰点、沸点

纯净的水是无色、无味、无臭的透明液体。

水在 1 个大气压($10^5$ Pa)时,温度在 0 ℃以下为固体(固态水),

0 ℃为水的冰点;0~100 ℃为液体(通常情况下水呈现液态);100 ℃以上为气体(气态水),100 ℃为水的沸点。

2.水的比热

单位质量的水升高 1 ℃所吸收的热量,叫作水的比热容,简称比热,水的比热为 $4.2\times10^3$[J/(kg·℃)]。

3.水的汽化热

在一定温度下单位质量的水完全变成同温度的气态水(水蒸气)所需要的热量,叫作水的汽化热。水从液态转变成气态的过程叫作汽化,水表面的汽化现象叫作蒸发,蒸发在任何温度下都能够进行。

4.冰(固态水)的熔解热

单位质量的冰在熔点时(0 ℃)完全熔解在同温度的水中所需要的热量,叫作冰的熔解热。

5.水的密度

在 1 个大气压($10^5$ Pa)下,温度为 4 ℃时,水的密度最大,为 1 g/$cm^3$,当温度低于或高于 4 ℃时,其密度均小于 1 g/$cm^3$。

6.水的压强

水对容器的底部和侧壁都有压强(单位面积上受到的压力叫作压强)。水内部向各个方向都有压强;在同一深度,水向各个方向的压强相等;深度增加,水压强增大;水的密度增大,水压强也增大。

7.水的浮力

水对物体向上和向下的压力的差就是水对物体的浮力。浮力的方向总是竖直向上的。

8.水的表面张力

水的表面存在着一种力,使水的表面有收缩的趋势,这种水表面的力叫作表面张力。

9.水的其他力学性质

范德华引力:对一个水分子来说,它的正电荷重心偏在两个氢原子的一方,而负电荷重心偏在氧原子一方,从而构成极性分子,所以当水分子相互接近时,异极间的引力大于相距较远的同极间的斥力,这种分子间的相互吸引的静电力称范德华引力。

不同温度下水的各类物理参数见表 1-1。

表 1-1　不同温度下水的各类物理参数

| $T$ 温度/℃ | $p$ 压力/kPa | $c$ 比热容/［kJ/(kg·K)］ | $\lambda$ 导热系数/［W/(m·K)］ | $a$ 热扩散率/10 m/h |
|---|---|---|---|---|
| 0 | 0.613 | 4.207 7 | 0.558 | 4.8 |
| 10 | 1.227 | 4.191 0 | 0.563 | 4.9 |
| 20 | 2.333 | 4.182 6 | 0.593 | 5.1 |
| 30 | 4.240 | 4.178 4 | 0.611 | 5.3 |
| 40 | 7.373 | 4.178 4 | 0.623 | 5.4 |
| 50 | 12.332 | 4.182 6 | 0.642 | 5.6 |
| 60 | 19.918 | 4.182 6 | 0.657 | 5.7 |
| 70 | 31.157 | 4.191 0 | 0.666 | 5.9 |
| 80 | 47.343 | 4.195 2 | 0.670 | 6.0 |
| 90 | 70.101 | 4.207 7 | 0.680 | 6.1 |
| 100 | 101.325 | 4.216 1 | 0.683 | 6.1 |
| 110 | 143 | 4.228 7 | 0.685 | 6.1 |
| 120 | 198 | 4.245 4 | 0.686 | 6.2 |
| 130 | 270 | 4.266 3 | 0.686 | 6.2 |
| 140 | 361 | 4.291 5 | 0.685 | 6.2 |
| 150 | 476 | 4.320 8 | 0.684 | 6.2 |
| 160 | 618 | 4.354 3 | 0.683 | 6.2 |
| 170 | 792 | 4.387 8 | 0.679 | 6.2 |
| 180 | 1 003 | 4.425 4 | 0.675 | 6.2 |
| 190 | 1 255 | 4.463 1 | 0.670 | 6.2 |
| 200 | 1 555 | 4.513 4 | 0.663 | 6.1 |
| 210 | 1 908 | 4.605 5 | 0.655 | 6.0 |
| 220 | 2 320 | 4.647 3 | 0.645 | 6.0 |
| 230 | 2 798 | 4.689 2 | 0.637 | 6.0 |
| 240 | 3 348 | 4.731 1 | 0.628 | 5.9 |

## (二)水密度的变化

水的密度在 4 ℃时最大,为 1 000 kg/$m^3$,温度高于 4 ℃时,水的密度随温度升高而减小,在 0~4 ℃时,水热缩冷涨,密度随温度的升高而增加,见表 1-2。

表 1-2　水密度的变化

| 温度/℃ | 密度/(kg/$m^3$) |
| --- | --- |
| −30 | 983.854 |
| −20 | 993.547 |
| −10 | 998.117 |
| 0 | 999.839 5 |
| 4 | 999.972 0 |
| 10 | 999.702 6 |
| 15 | 999.102 6 |
| 20 | 998.207 1 |
| 22 | 997.773 5 |
| 25 | 997.047 9 |
| 30 | 995.650 2 |
| 40 | 992.2 |
| 60 | 983.2 |
| 80 | 971.8 |
| 100 | 958.4 |

**注**:低于 0 ℃的为过冷的水,其他皆为 1 个标准大气压下的数值。

## (三)水的化学特性

水是由氢、氧两种元素组成的(2 个氢原子和 1 个氧原子组成 1 个水分子),其中氢和氧的质量比为 1:8,水中氢占 11.11%,氧占 88.89%。由于水分子间还生成较强的氢键,液态水中有$(H_2O)_2$、$(H_2O)_3$ 等缔合水分子。

# 第三节　水的作用

## 一、水对气候的作用

水对气候具有调节作用。大气中的水汽能阻挡地球辐射量的60%,保护地球不至于被冷却。海洋和陆地水体在夏季能吸收和积累热量,使气温不致过高;在冬季则能缓慢地释放热量,使气温不致过低。

海洋和地表中的水蒸发到天空中形成了云,云中的水分子在达到一定数量时通过降水落下来变成雨(见图1-2),冬天则变成雪。落于地表上的水渗入地下形成地下水;地下水又从地层里冒出来,形成泉水,经过小溪、江河汇入大海。这就形成了一个水循环(注:植物也参与了水循环)。

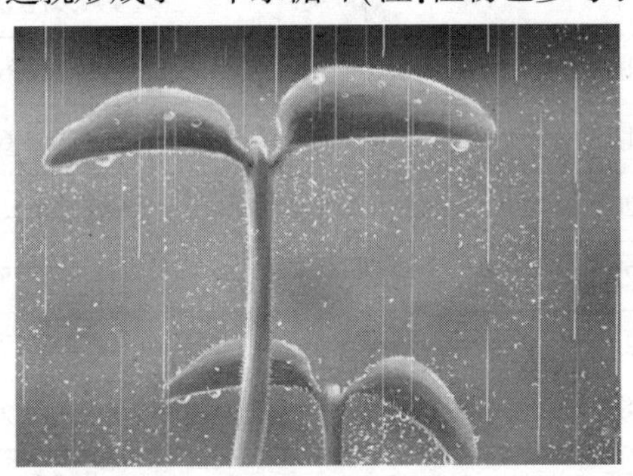

图1-2　雨水

雨、雪等降水活动对气候具有重要的影响。在温带季风性气候中,夏季风带来了丰富的水汽,夏秋多雨,冬春少雨,形成明显的干、湿两季。

此外,在自然界中,由于不同的气候条件,水还会以冰雹、雾、露、霜等形态出现并影响气候和人类的活动。

## 二、水对地理的作用

地球表面有约71%被水资源覆盖,从空中来看,地球就是个蓝色的星球。水侵蚀岩石土壤,冲淤河道,搬运泥沙,营造平原,改变地表形态。

地球表层水体构成了水圈,包括湿地、海洋、河流、湖泊、沼泽、冰川、积雪、地下水和大气中的水。由于注入海洋的水带有一定的盐分,加上常年的积累和蒸发作用,海水和大洋里的水都是咸水,不能被直接饮用。某些湖泊的水也是含盐水,例如死海。世界上最大的水体是太平洋。北美的五大湖是最大的淡水水系。欧亚大陆上的里海是最大的咸水湖。

地球上水的体积大约有 1 360 000 000 $km^3$。海洋占 1 320 000 000 $km^3$(97.2%);冰川和冰盖占 25 000 000 $km^3$(1.8%);地下水占 13 000 000 $km^3$(0.9%);湖泊、内陆海和河流的淡水占 250 000 $km^3$(0.02%);大气中的水蒸气在任何已知的时候都占 13 000 $km^3$(0.001%)。

## 三、水对工程的作用

我国古代人早已把水灵活运用到农业中:为保证水稻生长的环境湿润,他们在田沿筑起土埂,防止田内余水流失,大大提高了水稻产量。他们还使用桔槔,桔槔是在一根竖立的架子上加上一根细长的杠杆,当中是支点,末端悬挂一个重物,前端悬挂水桶。当人把水桶放入水中打满水以后,由于杠杆末端的重力作用,便能轻易把水提拉至所需处。桔槔早在春秋时期就已相当普遍,而且延续了几千年,是我国农村历代通用的旧式提水器具。

古代亚述国王在其首都四周种满了珍稀植物。为了灌溉这些植物,他修了一条长长的运河,用来从附近的水源处引水灌溉这些植物。

在墨西哥前首都特诺奇蒂特兰四周有许多湖,阿兹特克人在湖中建台田。他们挖出湖里的淤泥铺在田上,再种上作物。阿兹特克人在台田周围挖了沟渠,类似于我国的水田用于灌溉。

以色列位于沙漠之中,沙漠占国土面积的 67%,不仅耕地少,而且处于半干旱地区,降水量少,季节性强,区域分布不均,淡水资源缺乏的问题极为突出。出于生存和发展的需要,以色列一建国就制定法律,宣布水资源为公共财产,由专门机构进行管理。除兴修水利外,还大力发展节水技术。农业生产中基本不用常见的漫灌、沟灌、畦灌方法。20

世纪70年代末以前多采用喷灌,占灌溉面积的87%;滴灌,占灌溉面积的10%。80年代后,滴灌开始普遍采用,21世纪初已占灌溉面积的90%,主要用于蔬菜、水果、花卉、棉花等种植上。滴灌投资并不比喷灌高,不仅节水,而且对地形、土壤、环境的适应性强,不受风力和气候影响,肥料和农药可同时随灌溉水到达根系,省肥省药,还可防止产生次生盐渍化,消除根区有害盐分。滴灌技术的采用,使作物产量成倍增长,种植业产值的90%以上来自灌溉农业(见图1-3)。

**图1-3　灌溉农业**

## 四、水对人体的作用

对于人来说,水是仅次于氧气的重要物质。在成人体内,60%~70%的质量是水。儿童体内水的比重更大,可达近80%。如果一个人不吃饭,仅依靠自己体内贮存的营养物质或消耗身体组织,可以活上一个月。但是如果不喝水,连一周时间也很难度过。人体内失水10%就威胁健康;若失水20%,就有生命危险,足可见水对生命的重要意义。

### (一)溶解消化功能

水是人体内一切生理过程中生物化学变化必不可少的介质。水具有很强的溶解能力和电离能力(水分子极性大),可使水溶性物质以溶解状态和电解质离子状态存在,甚至一些脂肪和蛋白质也能在适当条件下溶解于水中,构成乳浊液或胶体溶液。溶解或分散于水中的物质有利于人体内化学反应的有效进行。

食物进入空腔和胃肠后，依靠消化器官分泌出的消化液，如唾液、胃液、胰液、肠液、胆汁等，才能进行食物消化和吸收。在这些消化液中，水的含量高达90%以上。

**（二）参与代谢功能**

在新陈代谢过程中，人体内物质交换和化学反应都是在水中进行的。水不仅是人体内生化反应的介质，而且水本身也参与人体内氧化、还原、合成、分解等化学反应。水是各种化学物质在人体内正常代谢的保证。

如果人体长期缺水，代谢功能就会异常，会使代谢减缓从而堆积过多的能量和脂肪，使人肥胖。

**（三）载体运输功能**

由于水的溶解性好，流动性强，又包含于人体内各个组织器官，水充当了人体内各种营养物质的载体。在营养物质的运输和吸收、气体的运输和交换、代谢产物的运输与排泄中，水都起着极其重要的作用。比如，运送氧气、维生素、葡萄糖、氨基酸、酶、激素到全身；把尿素、尿酸等代谢废物运往肾脏，随尿液排出体外。

**（四）调节抑制功能**

水的比热高，对机体有调节温度的作用。

防止中暑最好的办法就是多喝水。这是因为人为摄入的三大产能营养素在水的参与下，利用氧气进行氧化代谢，释放能量，再通过水的蒸发可散发大量能量，避免体温升高。当人体缺水时，多余的能量就难以及时散出，从而引发中暑。

此外，水还能够改善体液组织的循环，调节肌肉张力，并维持机体的渗透压和酸碱平衡。

**（五）润滑滋润功能**

在缺水的情况下做运动是有风险的。因为组织器官缺少了水的润滑，很容易造成磨损。因此，运动前的1个小时最好先喝充足的水（见图1-4）。

体内关节、韧带、肌肉、膜等处的活动，都由水作为润滑剂。水的黏度小，可使体内摩擦部位润滑，减少体内脏器的摩擦，防止损伤，并可使器官运动灵活。

图 1-4　饮用水

同时,水还有滋润功能,使身体细胞经常处于湿润状态,保持肌肤丰满柔软。定时、定量补水,会让皮肤特别水润、饱满、有弹性。可以说,水是美肤的佳品。

**(六)稀释和排毒功能**

不爱喝水的人往往容易长痘痘,这是因为人体排毒必须有水的参与。没有足够的水,毒素就难以有效排出,淤积在体内,就容易引发痘痘。

其实,水不仅有很好的溶解能力,而且有重要的稀释功能,肾脏排泄水的同时可将体内代谢废物、毒物及食入的多余药物等一并排出,减少肠道对毒素的吸收,防止有害物质在体内慢性蓄积而引发中毒。因此,服药时应喝足够的水,以利于有效地消除药品带来的副作用。

喝水还有其他一些效果,比如:清晨喝一杯凉白开水有利于治疗色斑;餐后半小时喝一些水,可以用来减肥;热水有按摩作用,是强效的安神剂,可以缓解失眠;大口大口地喝水可以缓解便秘;睡前喝一杯水对心脏有好处;恶心的时候可以用盐水催吐。

## 五、水对植物的作用

水分是植物生长发育的重要生态因子。根据环境中水的多少和植物对水分的依赖程度,可以把植物划分为水生植物和陆生植物,水生植物依据其生活型又可分为沉水植物、浮水植物和挺水植物,陆生植物包括湿生植物、中生植物和旱生植物。生活在不同水环境中的植物,在长期进化过程中会形成一些适应环境的结构特征,其中以叶片的结构变化最为显著。

### (一)水生植物

水体与陆地环境有很大的差别,水体的特点是弱光、缺氧、密度大和黏性高,温度变化平缓以及能溶解各种无机盐类。生活在水体不同层次的植物,以不同的方式适应水生环境。

1.沉水植物

沉水植物是典型的水生植物,整个植物体沉没在水下,与大气完全隔绝,如眼子菜、金鱼藻、黑藻等。沉水叶一般形小而薄,并常分裂成带状或丝状以增加对光、无机盐和二氧化碳的吸收表面积。在结构上,表皮细胞壁薄,无角质层,不具气孔器,能直接吸收水分和溶于水中的气体和盐类;表皮细胞含有叶绿体,对于光的吸收和利用极为有利,因此沉水叶的表皮不仅是保护组织,也是吸收组织和同化组织。沉水植物叶肉不发达,细胞层次少,无栅栏组织和海绵组织的分化,但其中所含的叶绿体大而多,这也有利于光的透入、吸收和利用;叶肉中常有大的气腔或气道等通气组织,其中贮藏的大量气体可以被光合作用和呼吸作用所利用。由于沉水植物在水中漂荡,所需的支持力也小,因此叶脉的输导组织和机械组织极不发达。

2.浮水植物

浮水植物的叶漂浮在水面,根部则生长在水面以下的水体中,如睡莲、凤眼莲和浮萍等。浮水植物叶子的上表面直接受阳光的照射,下表面沉浸在水中,因此其叶子的上半部具旱生叶的特征,而下半部具水生叶的特征:上表皮具角质层,并有气孔器分布,细胞中没有叶绿体,下表皮没有气孔器,细胞中有时含有叶绿体;叶肉有明显的栅栏组织和海绵组织的分化,栅栏组织在上方,细胞层次多,含有较多的叶绿体,海绵组织在下方,形成十分发达的通气组织;维管组织和机械组织不发达,但比沉水植物更完善。

3.挺水植物

挺水植物的茎、叶大部分延伸在水面以上,而根部长期生长在水中,如芦苇、香蒲等。挺水植物叶的结构与普通中生植物叶的结构类似,但其叶肉的胞间隙发达或海绵组织所占的比例较大,以保证根部的呼吸。

### (二)陆生植物

陆地环境中,光照和气体相对充足,但水分较少,而且植物体内水分蒸发剧烈,如何维持体内水分平衡是陆生植物面临的主要问题。因此,在长期演化过程中,陆生植物在获取更多的水、减少水的消耗和体内贮存水分三个方面形成了一系列的适应特征。叶是植物体主要的蒸腾器官,植物获取的水分大部分通过叶蒸发掉,因此叶结构的变化尤为突出。

#### 1.湿生植物

湿生植物生长在潮湿环境中,不能忍受较长时间的水分不足,抗旱能力较弱。根据环境的特点还可以分为阴性湿生植物(弱光,大气潮湿)和阳性湿生植物(强光,土壤潮湿)两类。阴性湿生植物是典型的湿生植物,主要分布在阴湿的森林下层,如膜叶蕨、大海芋和秋海棠等。这类植物叶片薄而柔软,海绵组织发达,栅栏组织和机械组织不发达,调节蒸腾作用及维持水分平衡的能力极差。阳性湿生植物主要生长在阳光充沛、土壤水分经常饱和的环境中,典型代表有水稻、灯心草和半边莲等。这类植物虽生长在潮湿的土壤上,但由于土壤也经常发生短期缺水,特别是大气湿度较低,因而这类植物湿生结构不明显,叶片有角质层等防止水分过度散失的各种适应组织,输导组织也较发达,并有通气组织和茎相连。

#### 2.中生植物

中生植物生长在水湿条件适中的陆地上,是种类最多、分布最广、数量最大的一类陆生植物。由于环境中水分较少,中生植物逐步发展和形成了一整套保持水分平衡的结构和功能:叶片表皮细胞外壁较厚,并有角质层覆盖,气孔多分布在下表皮,以尽量减少水分从表面蒸发;栅栏组织比较整齐,比湿生植物发达,细胞的渗透压介于湿生和旱生植物之间,能抵抗短期轻微干旱,海绵组织内虽有细胞间隙,但没有完整的通气系统,不能在长期积水、缺氧的土壤上生长;叶脉中的输导组织和机械组织发达，以保证水分运输的畅通。

3.旱生植物

旱生植物能够忍受较长时间的干旱，可生活在干旱环境中。不同的旱生植物具有不同的抗旱方式，在进化过程中通常向两个不同方向发展，形成两种类型，即少浆液植物和多浆液植物，它们分别通过最大限度地减少水分蒸腾和贮存大量水分以适应缺水环境。少浆液植物叶片小而厚，表皮细胞外壁极厚，角质层非常发达，有的叶表面密被白色茸毛，或一层有光泽的蜡质覆盖，能反射部分光线，有些种类还形成了由多层细胞组成的复表皮，气孔下陷或限生于局部区域；叶肉组织排列紧密，栅栏组织特别发达，多层，甚至于上下两面均有栅栏组织的分布，海绵组织不发达，细胞间隙小；机械组织和输导组织的量较多。如夹竹桃、刺叶石竹、骆驼刺等。多浆液植物的叶片肥厚多汁，面积与体积的比例很小，在叶肉内有发达的储水组织，贮存了大量水分，如芦荟、景天、马齿苋、龙舌兰等。还有很多肉质植物，其叶片退化，由肉质茎贮存水分并代行光合作用，如仙人掌科植物。这些多浆液植物的细胞能保持大量水分，水的消耗也少，因此具有很强的耐旱能力。

# 第二章　水的来源及分布

## 第一节　地球上水的起源

关于地球上水的起源在学术界上存在很大的分歧，目前有几十种不同的水形成学说。有观点认为在地球形成初期，原始大气中的氢、氧化合成水，水蒸气逐步凝结下来并形成海洋；也有观点认为，形成地球的星云物质中原先就存在水的成分。另外一部分科学家认为，原始地壳中硅酸盐等物质受火山影响而发生反应，析出水分。也有观点认为，被地球吸引的彗星和陨石是地球上水的主要来源，甚至地球上的水还在不停增加。

对于地球上的水的来源，目前比较有代表性的是外源说和内源说两种说法。

### 一、外源说

顾名思义，外源说认为地球上的水来自地球外部。而外来水源的候选者之一便是彗星和富含水的小行星。被誉为“脏雪球”的彗星，其成分是水和星际尘埃，彗星撞击地球会带来大量的水。而有些富含水的小行星降落到地球上成为陨石，也含有一定量的水，一般为0.5%～5%，有的可达10%以上，其中碳质球粒陨石含水更多。

球粒陨石是太阳系中最常见的一种陨石，大约占所有陨石总数的86%。正因如此，一些科学家认为，正是彗星和小行星等地外天体撞击地球时，将其中冰封的水资源带入地球环境中。

然而，科学家研究发现，大多数彗星水的化学成分与地球水并不匹配。此外，德国明斯特大学科学家认为，既然陨石是在地球形成阶段就已经降落到地球的，那么应该在地球的地幔中留下相应的化学痕迹。

如果水确实是在这一阶段由陨石带到地球上的，那么地幔中的同位素水平和陨石中的同位素水平应该相同，而当其将不列颠哥伦比亚塔吉胥湖的陨石中钌同位素与地球地幔中钌同位素进行对比分析后却发现，两者的同位素水平并没有任何相似之处。

据此，德国明斯特大学科学家表示，这证明，如果水确实是由彗星或小行星带到地球上的，则其来到地球上的时间并不是地球的形成期，而是地球演化到形成地壳和地幔之后的时期。但并不排除另一种情况，即水最开始其实是星际尘埃的组成部分，而地球则正是由星际尘埃所组成的。

外来水源的另一个候选者是太阳风。太阳风是指从太阳日冕向行星际空间辐射的连续的等离子体粒子流，是典型的电离原子，由大约90%的质子（氢核）、7%的 α 粒子（氦核）和极少量其他元素的原子核组成。

有科学家认为，地球上的水是太阳风的杰作。首先提出这一观点的科学家是托维利。他认为，太阳风到达地球大气圈上层，带来大量的氢核、碳核、氧核等原子核，这些原子核与地球大气圈中的电子结合成氢原子、碳原子、氧原子等，再通过不同的化学反应变成水分子。据估计，在地球大气的高层，每年几乎产生 1.5 t 这种“宇宙水”。这种水以雨、雪的形式降落到地球上。更重要的是，地球水中的氢与氘含量之比为 6 700∶1，这与太阳表面的氢氘比也是十分接近的。因此，托维利认为，这可以充分说明地球水来自太阳风。

但太阳风形成的水是如此之少，在地球 45 亿年生命史中，也不过形成了 67.5 亿 t 水，与现今地球表面的水贮量（包括液态水、固态冰雪和气态水汽）$1.386\ 0\times10^{10}$亿 t 相比，不过九牛一毛。

## 二、内源说

内源说认为地球上的水来自地球本身。地球是由原始的太阳星云气体和尘埃经过分馏、坍缩、凝聚而形成的。凝聚后的这些物质继续聚集形成行星的胚胎，然后进一步增大生长而形成原始地球。地球起源时，形成地球的物质里面就含有水。

在地球形成时温度很高,水或在高压下存在于地壳、地幔中,或以气态存在于地球大气中。后来随着温度的降低,地球大气中的水冷凝落到了地面。岩浆中的水也随着火山爆发和地质活动不断释放到大气中,降落到地表。汇集到地表低洼处的水就形成了河流、湖泊、海洋。地球内部蕴含的水量是巨大的。地下深处的岩浆中含有丰富的水。有人根据地球深处岩浆的数量推测,在地球存在的45亿年内,深部岩浆释放的水量可达现代全球大洋水的一半。

还有一种说法认为在地球开始形成的最初阶段,其内部曾包含非常丰富的氢元素,它们后来与地幔中的氧发生了反应并最终形成了水。

地球科学家倾向于认为,地球上的水来源于地球自身演化过程中的岩浆水等,天文学家更倾向于是彗星等撞击地球带来的水。两种观点谁都没有说服谁。

很多人似乎觉得太空中的水很稀少,实际上水在太阳系中非常丰富。例如我们的邻近行星——火星,已经在其表面发现了很多干涸的河床、湖泊、三角洲、冲积扇等,这说明火星表面曾经有大量的水。科学家也相信火星地下和两极可能藏有很多水。此外,一些小行星、海王星轨道之外的柯伊伯带的天体上也有大量的水存在。而在柯伊伯带以外的奥尔特云更是分布着大量的彗星,这些彗星大部分就由水组成。液态水能否存在的关键在于星球表面的温度。在地球上,由于温度通常在0~100 ℃,因此水才可能以液态形式存在。

有的星球(如金星)表面温度达到400多℃,远远超过了水的沸点,所以没有液态水。有的星球如火星,表面温度达到了零下四五十摄氏度,低于水的冰点,即使有水也都冰冻了,所以也不会有很多液态水。所以,水出现在地球上并非偶然,而是必然现象。地球上的水绝大多数其实并不是以我们所熟知的冰、水、气三种形式存在。水还有另外一种存在形式,这种形式异乎寻常——那就是封存在岩石中的水。

可以说,这些岩石像一个巨大的水库,它的含水量至少与地球上所有河流、海洋和冰川中的水量加起来一样多,或许可能是海洋水量的4倍、6倍或10倍。但它们一直被深埋在我们脚下410 km处。科学家把这种融入水的矿石称为水合矿物质,即水岩。科学家认为,这种水岩遍布地下 400~650 km 的深处,厚达 240 km,比地球表面的水层还要厚。即使这种矿石的含水量只有1%,其水量也很大,实际上可能已相当于地球海洋水量的几倍。

## 第二节　地球水资源的分布

地下水是全球最大的可用淡水资源,是水资源的重要组成部分。与地表水相比,地下水具有水质优、分布广、不易污染等诸多优点,在保障人类用水安全方面发挥着不可替代的作用;特别是在占全球陆地面积15%的干旱半干旱地区,地下水更是可靠的水资源。全球用水量的35%来自地下水,其中农业用水量、生活用水量和工业用水量最大,有力保障了世界粮食安全和20亿人以上的生活饮水需求。在干旱、洪水等极端气候变化更频繁和更强烈的全球气候变化背景下,由于地下水资源的稳定性和可调节性,其价值越来越凸显,对于保障现代全球供水和粮食安全尤为重要。此外,地下水在维系生态系统和谐、保障河流基流和防止海水入侵,以及地面沉降等方面发挥着重要的环境价值功能。

然而,地下水作为一种隐形资源,其资源环境功能和环境污染问题被长期忽视和低估,人类活动已经对地下水造成了严重影响,导致印度西北部、美国中部和我国华北平原等地区含水层面临严重的水资源枯竭问题。地下水一旦发生人为破坏或污染,修复治理难度非常大,不仅修复时间长,而且成本高,甚至无法完全修复。为保护地下水,让更多人关注地下水资源环境,2022年世界水日的主题定为“珍惜地下水,珍视隐藏的资源”(Groundwater:Making the Invisible Visible)。未来随着全球人口增长和经济社会发展以及气候变化,人类对淡水的需求会越来越大,淡水供应也会趋于紧张。

### 一、全球地下水资源及其开发利用现状

地下水分布非常广泛,储量丰富,是全球最大的可用淡水资源,占

全球可用淡水资源的96%，其储存量远远大于湖泊及河流中的淡水总量，体积是全球淡水湖泊和河流的100倍。全球地表2 000 m以浅地下水资源量约2 260万 $km^3$，其中10万~500万 $km^3$ 为现代地下水(0~50 a)。如果将现代地下水全部开采出来，可以平均覆盖地球陆地表面3 m厚度。全球大型区域含水层主要包括美国加利福尼亚中央峡谷含水层、高平原含水层、南美洲瓜拉尼含水层、北非撒哈拉西北部含水层及其东部努比亚砂岩含水层、印支平原含水层，以及我国华北平原含水层和澳大利亚大自流盆地含水层等。

全球很多国家都在大规模开采地下水，开采量约为1 000 $km^3/a$，其中支持农业灌溉用水、生活用水和工业用水分别为67%、22%和11%。从用水量来看，农业灌溉用水、生活用水和工业用水地下水用水量分别占其总用水量的43%、37%和24%。全球地下水开采量最大的国家主要是印度、中国、美国、巴基斯坦和伊朗等15个国家，其中印度地下水开采量最大，为251 $km^3/a$。地下水开采主要用以支持农业灌溉，用水量最大的是小麦和水稻，主要分布在美国、墨西哥、中东、北非、印度、巴基斯坦和中国等国家或地区。

与印度、中国和美国等国家开采地下水主要用于农业灌溉不同，印度尼西亚、俄罗斯和泰国等国家，地下水开采主要用以保障生活用水，占地下水总开采量的60%~93%；特别是北欧国家丹麦的生活用水、农业用水和工业用水等绝大部分来自地下水。我国地下水资源量占全国水资源总量的1/3，供水量接近全国供水总量的20%，在保障华北和西北等缺水地区城市及农村供水安全方面发挥着独特作用。

## 二、全球地下水资源环境问题

### (一)全球地下水超采问题

地下水超采是人类过度开发利用地下水资源引起的全球性环境问题，其原因主要在于地下水资源的开采量远大于地下水资源的补给量，造成地下含水层无法通过自然降水等外界水源的补给得到及时补充恢复或更新。在自然条件下，除中深层地下水外，大部分地区浅层地下水位较浅，在水量充沛情况下，地下水还会以泉水等形式自然排出于地表。

由于地下水资源的隐蔽性和复杂性,地下含水层对人类超采活动的响应具有一定的滞后性,人类短暂的开采活动并不能立刻造成含水层地下水储存量的快速缩减,但是长期的地下水超采活动必然会导致地下水位持续降低和地下水储量逐渐耗损直至枯竭。地下含水层一旦枯竭,除非规模化的人工补给,其水量自然恢复的周期则非常漫长。

地下水超采主要发生在亚洲、美洲、欧洲和中东等地区。美国、墨西哥、沙特阿拉伯、巴基斯坦、印度和中国等国家由于地下水超采引起水资源量的衰减较为严重,其中印度地下水资源衰减最为明显。超采地下水不仅会引起地面沉降,而且会破坏生态环境,导致河流断流、湿地缩减、植被死亡和土地荒漠化等生态环境问题。Konikow 等估计 1900—2008 年全球地下水衰减总量为(4 500±1 224) $km^3$,其中 1950 年以来,地下水衰减量显著增加,最大衰减量出现在 2000—2008 年,衰减量约为 145 $km^3/a$。Döll 等结合地下水观测井水文模型和 GRACE 重力卫星评估,认为在 2000—2009 年,全球地下水平均衰减量为 113 $km^3/a$,相比于 1960—2000 年至少增加了 1 倍。其中,印度、美国、伊朗、沙特阿拉伯和中国是该时期地下水超采和衰减量最大的国家,而且利比亚、埃及和以色列,以及阿拉伯半岛等在该时期开采的地下水至少有 30%是不可更新的。21 世纪以来,全球地下水用水量显著增加,特别是第一个 10 年,地下水衰减量超过 100 $km^3/a$。据 GRACE 重力卫星监测数据,地下水超采已经导致全球 37 个最大含水层中的 21 个正在枯竭。对美国俄亥俄州迈阿密河流域和加利福尼亚州圣华金河谷含水层的研究表明,人类活动对地下水的干预减少 20%,就可能使含水层由枯竭转为自流状态,因此通过合理调控,就可以减轻人类活动对地下水的负面影响。

印度作为全球地下水利用量最大的国家,地下水超采问题尤其突出,全国约有 29%的地下水处于半临界、临界或超采状态。地下水超采不仅会造成地下水埋深的持续增大,而且会导致地下水补给量减少。Rodell 等研究认为,2002—2008 年印度拉贾斯坦邦等地区地下水超采十分严重,衰减量为 109 $km^3$,是印度最大水库的两倍,若不及时采取治理措施,可能会导致该地区 1.14 亿居民面临粮食产量减少和饮用水短缺。

美国高平原含水层和加利福尼亚州中央峡谷含水层是美国地下水超采最严重的区域，地下水衰减量占全美国的50%；特别是在堪萨斯州和得克萨斯州的部分地区，地下水开采量已经超过了补给量的10倍。

更值得注意的是，尽管非洲撒哈拉沙漠东部的努比亚砂岩含水层中的地下水是百万年前补给的老水，自然降水补给率基本为零，地下水更新能力非常弱，但是仍然被大量开采用于农田灌溉，造成埃及部分地区地下水位下降了60 m。过度开采这种更新缓慢的古老地下水，在短期不会带来问题，但在长时间尺度内会造成严重的经济、社会和环境问题。此外，从北非到中东再到南亚地区，钻探2 km以上才能获取地下水已经成为普遍现象。我国自20世纪60年代规模化开采地下水资源以来，地下水位明显下降，形成了世界上最大的地下水位降落漏斗区——华北平原。从全球而言，地下水超采还会导致全球水井整体面临枯竭的风险。Jasechko等(2021)最新研究分析全球3 900万眼水井的数据发现，6%~20%的水井深度不低于水位5 m，表明地下水超采引起地下水位加深，会导致水井成为干井，这将会造成严重的经济损失和水资源危机。

### (二)全球地下水环境问题

#### 1.地下水超采威胁生态系统健康

地下水与生态系统关系密切，河流、湖泊、湿地、植被等生态系统的健康稳定均与地下水的补给、径流和排泄存在着直接或间接的关系，形成了独特的地下水依赖型生态系统。在自然条件下，地下水向河流、湿地等地表水体补给，并会以泉水形式向外排泄，进而支撑河流、湿地、泉水等沿岸带植被的健康生长。但是在人工超采条件下，会造成地下水位持续下降，形成降落漏斗，导致地下水向河流、湖泊等地表水体的补给减少，同时使得河流、湖泊等对地下水形成反向补给，最终导致河流、湖泊水量减少，甚至因此出现断流或干涸，最终威胁生态环境系统的健康，引起生态环境系统的退化。

针对地下水依赖型生态系统的保护与管理已经纳入澳大利亚、欧盟、南非和美国等多个国家或地区的水行政管理措施中。然而，不合理的地下水开发利用已经造成地下水位的剧烈下降和储量的严重亏损，特别是在农业集中灌溉区尤为严重。Jasechko 等(2021)分析了美国 420 万眼水井的水位埋深,结果显示近 64%的水井水位均低于附近的河流水面,这会导致全美大部分地表水水体渗漏补给地下水而面临消失的危险。中国地下水超采也对生态环境造成了严重影响。最新研究报道地下水超采已经导致大量湿地和河流的消失。与地表水相比,地下水开采的环境效应具有明显滞后性,Graaf 等(2019)预估 2050 年全球将有 42%~79%的流域会因地下水的广泛开采达到环境流量极限。由于全球很多地区地下水超采已经非常严重或已经超过了环境流量极限,因此地下水位的微小变动就可以影响地表径流和达到环境流量极限。地下水超采还造成了泉水消失、植被退化,以及土地沙漠化等生态环境问题。曾以泉多著称的北京市已有千余眼泉水由于地下水过度开采而消失。

当地下水位持续下降超过 3 m 时,就会显著影响杨树的生长,致其死亡率达到 88%。我国西北最大内陆河塔里木河下游由于地下水超采,依赖地下水生存的芦苇、骆驼刺、柽柳和胡杨等植被出现了大面积死亡和衰败。

2.地下水污染及劣质地下水威胁饮水安全

人类工农业活动产生的各种污染物会随着降水淋滤通过土壤带渗入地下水中,进而对地下水造成污染,影响饮用水安全。人类活动对地下水造成污染的主要污染物类型包括三氮、重金属和有机污染物,其中硝酸盐污染最为普遍。美国、加拿大、英国、德国、丹麦等国家均有地下水硝酸盐污染的相关报道。农业化肥的大面积过度使用是造成地下水硝酸盐污染的主要原因。长时间饮用高浓度的硝酸盐水会引起高铁血红蛋白症和其他病症。此外,地下水中检出的细菌、病毒、杀虫剂、非水相液体(NAPLS)、新型有机污染物(CECS)和微塑料等特殊污染物与人类活动密切相关。人类活动也对深层古老地下水水质造成了影响,通过分析全球 6 455 眼水井古老地下水的碳同位素数据及氚同位素,在古老地下水中检测到了氚同位素,表明人类活动已经影响到大部分古老地下水的水质。人类活动超采地下水还会造成海水入侵,进而引起全球海岸带地下水水质咸化,威胁数百万人的饮水安全。美国、英国、法国、中国等几十个国家和地区已经发现了海水入侵问题。当地下水中含有超过2%~3%的海水就会导致地下水不可饮用,而且修复被海水咸化的地下水难度非常大,需要几十年甚至数百年时间。相比其他含水介质,岩溶含水层更容易受到人类活动的污染,而岩溶含水层覆盖了全球陆地(无冰地区)面积的15%,支持了全球10%~25%人口的饮水需求,因此要特别重视人类活动可能造成的岩溶水污染问题。

除人类活动污染外,全球还广泛分布着地质成因的原生劣质地下水,特别是在干旱半干旱地区,如高砷(≥10 μg/L)、高氟(≥1 mg/L)、高碘(≥100 μg/L)地下水。高砷地下水已在全球70个国家都有发现,饮用高砷地下水或皮肤暴露接触会导致乌脚病、皮肤癌、肾癌等疾病,全球估计有0.94亿~2.2亿人遭受高砷地下水的威胁,其中94%位于亚洲,主要分布在印度、孟加拉国、柬埔寨、中国、越南、缅甸等国家;高氟地下水在全球影响超过2.6亿人的饮水安全和身体健康;高碘地下水的数据相对较少,2013年全球有10个国家被列为碘摄入过量的地区,这可能与饮用高碘地下水有关,我国华北平原、大同盆地和太原盆地均有高碘地下水的分布。

伴随全球气候变化,以及极端气候的频繁出现,人类未来对水资源的需求会变得愈演愈烈。地下水资源作为一种广泛分布并相对稳定的有限可再生水资源,可以很好地帮助人类应对极端气候条件下,以及广大干旱半干旱地区的缺水问题。然而,由于人类对地下水资源的过度开采,全球地下水位持续下降,大部分含水层及水井面临枯竭,地下水开采深度不断增加,同时人类工农业活动对地下水水质造成了严重的污染。为确保地下水资源的可持续开发利用,必须加强政府和全社会对地下水超采,以及污染问题的严格管理和广泛关注,积极推进地下水相关政策法规的制定与完善,稳定增加专项资金投入,加大支持科学研究与推进相关保护项目实施,统筹推进地下水资源的可持续开发利用与水质保护。

地下水既是水资源的重要组成部分,又是影响生态环境系统健康的活跃环境因子。不可持续的地下水开采活动,不仅破坏优质的地下水资源,而且会造成河流流量降低、湖泊与湿地面积缩减、植被退化、泉水断流等一系列生态环境问题。相比地下水资源的不可持续开发利用问题,地下水对生态环境的影响问题关注度更低,相关方面的研究更为缺乏,管理明显滞后。因此,加强地下水生态环境保护,关系到河流、湖泊、湿地、植被、泉水等地下水依赖型生态系统的健康稳定,也关系到山水林田湖草沙生态系统的协同治理,对新时代背景下推进生态文明建设具有重要意义。

# 第三节　中国的淡水资源现状

## 一、我国地下水资源特性

相较于我国的南方地区和东部地区,西北地区处于寒旱地带,地表水资源相对较少,地下水资源是人们日常生活用水、工业用水以及农业灌溉用水的重要水源。同时,地下水资源与当地的经济发展及生态系统平衡也具有密切的关联。

近年来,随着我国社会经济的发展,城市化建设速度的加快,我国西北地区的地下水资源开采量急剧上升,这样虽然缓解了当地水资源供需紧张的关系,但同时导致地下水资源的锐减,甚至还因为人们在开采过程中忽略了对水资源的保护,造成了地下水水质的污染,严重影响到人们的生活用水、工业生产及农业生产。

### (一)存量难以验证

地下水资源都存储在地下,所处的环境具有一定的特殊性,一般都存在于基岩的缝隙当中,而且能够通过物质转化而成。因此,对其存量只能进行估算,且花费的时间较多,难以验证其存量。

### (二)可再生与不可再生

人们对地下水资源进行开采利用,而后地表水以及降水等水资源经过下渗、自净化,又可以转化为地下水,形成水资源的循环,使地下水资源得以再生,因此其又具有可再生性。但是,如果人们过度开采地下水资源,就会使其再生的速度与开采的速度不平衡,进而导致地下水资源无法再生。在实际生活中,特别是在我国的西北地区,因地处寒旱地区,降水较少,地表径流也相对较少,为了应对这种状况,提高农业生产,很多时候农民会大量使用农药化肥,这样会对地下水资源造成一定的污染,进而影响到地下水资源的再生。

**(三)系统性与变动性**

地下水资源和地表水资源共同构成了我们生活中的水系统,如果降水较多,不但会增加地表径流的储量,而且会增加地下水的储量。另外,在实际生活中,地下水与地表水之间存在着明显的隔水层,如果地下水资源储量增加,地下水与地表水之间的距离就会缩短。反之,如果处于干旱时节,地表径流量减少,需要从地下水中汲取补给,会导致地下水位随之下降,从而保证整个水系统的平衡性。因而,地下水资源也具有明显的系统特性,同时会呈现出变动性的特点。因此,在进行地下水资源的开发利用时,必须依据地下水的系统性和变动性特征,合理进行规划设计,保证水系统的平衡,才能实现水资源的循环利用。

## 二、我国地下水资源演变趋势及影响因素

地下水是水资源的重要组成部分,具有重要的资源保障和生态维系功能。受气候变化和人类活动影响,近年来一些地区地下水资源发生变化,甚至出现了严重的超采和污染问题,威胁区域用水安全和生态安全。加强地下水管理与保护,保障用水安全和生态安全,前提是科学摸清地下水资源演变规律。

**(一)我国地下水资源动态演变**

1.地下水资源数量变化

1956 年以来,全国地下水资源数量及其时空分布发生了一定的变化,如表 2-1 所示,2001—2016 年系列平均地下水资源总量为 7 994 亿 $m^3$,相比于 1956—1979 年系列地下水资源量平均值减少了 90 亿 $m^3$,相比于 1980—2000 年系列平均值减少了 72 亿 $m^3$。其中,全国山丘区地下水资源量基本稳定,平原区地下水资源量呈下降趋势,2001—2016 年系列平均值相较于 1956—1979 年系列平均值减少 64 亿 $m^3$,其中平原区降水入渗补给量减少 50 亿 $m^3$,减少了 4.7%;平原区地表水体补给量减少约 92 亿 $m^3$,减少幅度达到 12.9%。

表 2-1　全国地下水资源量变化情况　　单位:亿 m³

| 时间系列 | 地下水资源量 | 平原区地下水资源量 | 降水入渗补给量 | 地表水体补给量 | 山前侧向补给量 |
|---|---|---|---|---|---|
| 1956—1979 年 | 8 084 | 1 813 | 1 066 | 711 | 36 |
| 1980—2000 年 | 8 066 | 1 725 | 1 025 | 613 | 87 |
| 2001—2016 年 | 7 994 | 1 749 | 1 016 | 619 | 114 |

为分析不同地区地下水资源量变化及分布情况,计算了全国 77 个水资源二级区 2001—2016 年系列相较于 1956—1979 年系列地下水资源量的变化。

全国不同区域地下水资源数量演变趋势差别较为明显,北方地区的西北诸河区、松花江区、淮河区浅层地下水资源量有所增长,辽河区、海河区、黄河区浅层地下水资源量有所减少;南方地区浅层地下水资源量总体变化不大。值得注意的是,辽河区、海河区、黄河区等地下水开发利用强度高、供水比例大的区域,地下水资源量衰减趋势明显,分别减少了 6.7%、15.8%、7.2%,尤其是海河流域(包括海河南系和海河北系)衰减幅度大,地下水资源量减少了 21.8%。

2.地下水循环通量与路径变化

地下水自然循环通量是指地下水通过自然途径补给和排泄的水量,其中自然补给通量主要包括降水入渗补给量、河湖渗漏补给量、山前侧向补给量,自然排泄通量主要包括河道排泄量、潜水蒸发量、山前侧向排泄量、山前泉水溢出量和侧向流出量。地下水人工通量是指地下水通过人工途径补给和排泄的水量,其中人工补给通量主要包括渠系和田间灌溉入渗补给量、井灌回归补给量等,人工排泄通量主要为人工开采(净消耗)量。

天然情况下,地下水循环路径全部为自然路径。随着人类活动干扰增多,地下水循环路径改变,自然循环通量减少,人工循环通量增加。2001—2016 年与 1956—1979 年系列平均值相比,地下水与降水、地表水、大气等之间的自然交互作用减弱,全国自然循环通量年均减少 813.7亿 m³(见表 2-2),减少比例为 5.0%,其中北方地区地下水自然循环通量减少 646.3 亿 $m^3$,减少了 12.6%;海河区地下水自然循环通量减少 149.8 亿 $m^3$,减少了 32.1%。地下水与开采排泄、灌溉补给等人类交互作用增强,全国人工循环通量年均增加 845.2 亿 $m^3$,增长幅度达 104.2%,其中北方地区地下水人工循环通量增加 719.1 亿 $m^3$,增加了 98.3%;海河区地下水人工循环通量增加 68.9 亿 $m^3$,增加了 38.3%。

以地下水总循环通量中的自然/人工循环通量之比表示地下水循环自然-人工路径结构,分析 1956—1979 年、1980—2000 年、2001—2016 年 3 个时间系列地下水循环路径和结构变化。结果表明,地下水循环路径和结构发生显著改变,2001—2016 年与 1956—1979 年相比,地下水总循环通量中自然/人工比由 20∶1变为 9∶1,海河区、辽河区、黄河区自然/人工比分别由 2.6∶1、9.1∶1和 7.0∶1变为 1.3∶1、2.0∶1和3.1∶1。其中,全国平原区自然/人工比由 4∶1变为 1.5∶1,海河区、辽河区、黄河区平原区自然/人工比分别由 1.2∶1、5.0∶1和 1.9∶1变为 0.6∶1、0.8∶1和 0.8∶1。

**表 2-2 地下水循环通量变化** 单位:亿 $m^3$

| 分区 | 1956—1979 年 | | 1980—2000 年 | | 2001—2016 年 | |
|---|---|---|---|---|---|---|
| | 自然通量 | 人工通量 | 自然通量 | 人工通量 | 自然通量 | 人工通量 |
| 松花江区 | 856.7 | 32.9 | 862.7 | 147.4 | 827.7 | 252.4 |
| 辽河区 | 374.2 | 41.2 | 337.0 | 104.1 | 277.3 | 136.0 |
| 海河区 | 466.0 | 180.1 | 361.4 | 213.8 | 316.2 | 249.0 |
| 黄河区 | 802.1 | 115.1 | 708.9 | 148.4 | 621.7 | 199.5 |
| 淮河区 | 706.2 | 119.6 | 644.0 | 169.2 | 637.6 | 222.5 |
| 长江区 | 4 845.3 | 54.1 | 4 971.6 | 35.1 | 4 768.5 | 155.8 |
| 东南诸河区 | 890.3 | 9.9 | 1 073.6 | 0 | 1 016.5 | 7.5 |
| 珠江区 | 2 158.2 | 15.0 | 2 325.6 | 6.2 | 2 226.7 | 38.2 |
| 西南诸河区 | 3 087.6 | 0 | 2 879.5 | 0 | 2 802.4 | 3.8 |
| 西北诸河区 | 1 928.3 | 243.0 | 1 670.1 | 265.5 | 1 806.6 | 391.4 |
| 全国 | 16 114.9 | 810.9 | 15 829.4 | 1 089.7 | 15 301.2 | 1 656.1 |

3.地下水补给结构变化

1)地下水自然补给量变化

地下水自然补给量主要包括降水入渗补给量和河湖渗漏补给量。对于降水入渗补给,随着近年来北方很多地区地下水埋深增加,同等降水产生的降水入渗补给量明显减少。北方除西北诸河区外,其他大部分地区降水入渗补给量呈明显减少趋势,如辽河区、海河区、黄河区2001—2016年降水入渗补给量平均值较1956—1979年平均值分别减少15.4亿$m^3$、36.4亿$m^3$、37.3亿$m^3$。近年来,随着北方很多河流实测径流量大幅减少,平原区河湖渗漏补给量随之减少,如表2-3所示,全国平原区河湖渗漏补给量衰减幅度达34%,其中海河区衰减幅度高达93%,河湖对地下水的补给几乎消失殆尽。

**表2-3　北方地区降水入渗补给量与河湖渗漏补给量变化**

单位:亿$m^3$

| 分区 | 1956—1979年 | | | 1980—2000年 | | | 2001—2016年 | | |
|---|---|---|---|---|---|---|---|---|---|
| | 降水入渗补给量 | | 河湖渗漏补给量 | 降水入渗补给量 | | 河湖渗漏补给量 | 降水入渗补给量 | | 河湖渗漏补给量 |
| | 山丘区 | 平原区 | | 山丘区 | 平原区 | | 山丘区 | 平原区 | |
| 松花江区 | 223.6 | 186.6 | 21.4 | 250.5 | 186.9 | 23.0 | 241.9 | 190.3 | 15.1 |
| 辽河区 | 96.4 | 81.9 | 11.5 | 97.6 | 81.5 | 9.4 | 86.1 | 76.8 | 8.7 |
| 海河区 | 124.5 | 119.6 | 11.8 | 108.1 | 106.2 | 2.6 | 100.9 | 106.8 | 0.8 |
| 黄河区 | 292.0 | 74.1 | 19.1 | 265.0 | 75.3 | 15.5 | 253.3 | 75.5 | 11.5 |
| 淮河区 | 107.0 | 255.7 | 4.2 | 127.3 | 234.9 | 4.0 | 123.8 | 252.8 | 3.8 |
| 西北诸河区 | 565.3 | 46.0 | 209.2 | 530.2 | 47.5 | 132.0 | 603.0 | 46.6 | 138.0 |
| 合计 | 1 408.8 | 763.9 | 277.2 | 1 378.7 | 732.3 | 186.5 | 1 409.0 | 748.8 | 177.9 |

2)地下水人工补给量变化

自20世纪六七十年代以来,随着我国灌溉工程建设加快,灌溉面积迅速发展,如图2-1所示,灌溉用水量随之快速增长,由此产生的灌溉渗漏补给量明显增加。近年来,随着节水水平提高,灌溉用水量呈逐渐稳定、缓慢降低趋势,但全国2001—2016年平均灌溉用水量仍是20

世纪 50 年代的 2.5 倍，达到 3 250 亿 $m^3$左右。全国 1956—1979 年、1980—2000 年、2001—2016 年灌溉渗漏补给量(含井灌回归补给量)平均值分别为 408.1 亿 $m^3$、432.3 亿 $m^3$、471.9 亿 $m^3$，呈逐渐增加趋势。并且，随着华北地区、西北地区河湖地下水人工回补逐渐稳定实施且扩大规模，地下水人工补给量增加的趋势将进一步凸显。

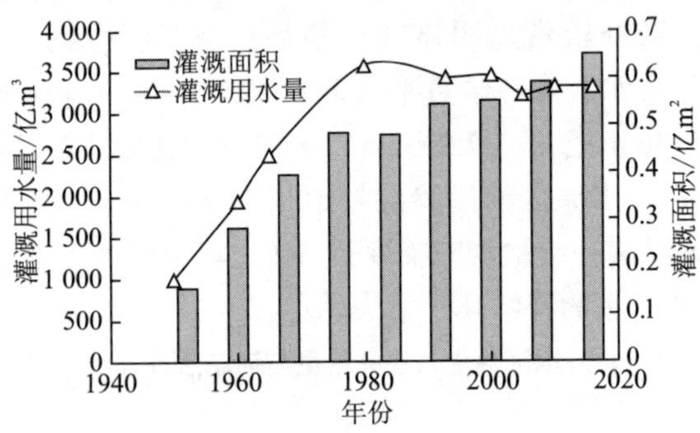


图 2-1　全国有效灌溉面积与灌溉用水量发展变化

3)地下水补给结构变化

在地下水自然补给量减少和人工补给量增加的双重因素影响下，我国平原区地下水补给结构改变，人工补给量在总补给量中的占比不断增加，由 20 世纪四五十年代的 7%、1956—1979 年的 20%逐步增加至 2001—2016 年的 26%。地下水补给结构由天然状态下的“自然”补给模式逐渐演变为“自然-人工”复合补给模式。其中，西北诸河区人工补给占比由 1956—1979 年的 38%上升至 2001—2016 年的 50%。

4.地下水排泄结构变化

1)地下水自然排泄量变化

地下水自然排泄主要包括河道排泄量、潜水蒸发量和泉水溢出量等。与 1956—1979 年相比，2001—2016 年北方地区河道排泄量大幅减少，如表 2-4 所示，北方平原区河道排泄量减少了 113.3 亿 $m^3$，减少比例为 44.2%；对于山丘区，除西北诸河区增加外，其他区域基流量(河道排泄量)减少了 124.4 亿 $m^3$，减少比例为 16.1%。其中，海河流域平原区河道排泄量减少了 97%，几乎完全消失；松花江区、辽河区、黄河区平原区河道排泄量减少比例超过60%。河道排泄量减少引发或加重了河道断流、湿地萎缩、泉水衰竭等问题。河南省的珍珠泉等多个大泉现状泉水流量平均比20世纪50年代减少了一半以上，山西的娘子关泉、神头泉、坪上泉、柳林泉和辛安泉，河北的黑龙洞泉、百泉、一亩泉和威州泉等均出现衰竭甚至干涸问题。近年来，新疆坎儿井数量和出水量急剧减少，吐哈盆地坎儿井数量从1949年的1 084条减少到目前的214条，出流量从16.0 $m^3/s$减少到3.6 $m^3/s$，衰减幅度超过70%。

另外，全国大部分地区潜水蒸发量大幅减少，北方地区潜水蒸发量减少比例达37%，海河区、辽河区、黄河区大部分地区潜水蒸发已经几乎全部消失。在干旱半干旱地区，潜水蒸发减少将降低土壤水分供给，引起区域植被退化，导致土地荒漠化加剧。

**表2-4　北方地区河道排泄量与潜水蒸发量变化**　单位：亿 $m^3$

| 分区 | 1956—1979年 | | | 1980—2000年 | | | 2001—2016年 | | |
|---|---|---|---|---|---|---|---|---|---|
| | 河道排泄量 | | 潜水蒸发量 | 河道排泄量 | | 潜水蒸发量 | 河道排泄量 | | 潜水蒸发量 |
| | 山丘区 | 平原区 | | 山丘区 | 平原区 | | 山丘区 | 平原区 | |
| 松花江区 | 213.5 | 32.4 | 158.3 | 232.7 | 8.2 | 145.0 | 213.8 | 1.8 | 138.8 |
| 辽河区 | 87.4 | 2.6 | 84.6 | 85.7 | 3.7 | 45.7 | 74.4 | 1.1 | 16.6 |
| 海河区 | 98.5 | 15.4 | 50.8 | 67.1 | 2.3 | 25.9 | 54.8 | 0.5 | 4.8 |
| 黄河区 | 369.7 | 26.6 | 79.3 | 221.3 | 23.8 | 56.6 | 209.0 | 10.2 | 18.2 |
| 淮河区 | 102.0 | 48.6 | 173.7 | 89.4 | 45.2 | 131.8 | 94.7 | 29.2 | 121.8 |
| 西北诸河区 | 477.0 | 130.8 | 297.8 | 473.2 | 115.2 | 241.7 | 551.4 | 100.3 | 230.4 |
| 合计 | 1 248.1 | 256.4 | 844.5 | 1 169.4 | 198.4 | 646.7 | 1 198.1 | 143.1 | 530.6 |

2）地下水人工排泄量变化

最近60多年来，随着经济社会快速发展，我国地下水开发利用量迅速增长，如图2-2所示，全国地下水年开采量由20世纪50年代的约100亿 $m^3$，持续快速增长至2000年后的1 100亿～1 200亿 $m^3$。其中，平原区 1956—1979 年平均地下水开采量 378.7 亿 $m^3$,1980—2000 年平均地下水开采量 577.1 亿 $m^3$,2001—2016 年平均地下水开采量 1 050.0亿 $m^3$;山丘区人工开采净消耗量由 1956—1979 年的平均 15.1 亿 $m^3$,增长至 2001—2016 年的平均 138.3 亿 $m^3$。地下水人工开采量的迅速增加,袭夺了地下水河道排泄量和潜水蒸发量,导致地下水自然排泄量减少,进一步改变地下水排泄结构。

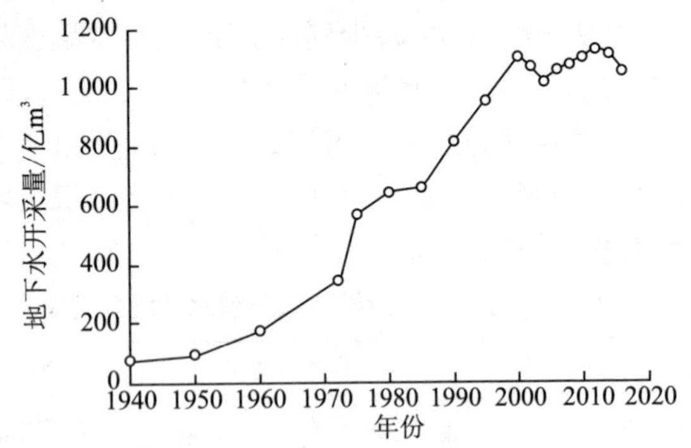


**图 2-2　我国地下水开采量变化**

3)地下水排泄结构变化

在地下水自然排泄减少和人工开采排泄增加的双重影响下,我国地下水排泄结构发生了巨大变化,平原地区地下水排泄结构由自然排泄演变为人工排泄为主。在 20 世纪四五十年代,全国机井较少,地下水开采以人工开挖的浅井为主,地下水排泄几乎全部为自然排泄。而 20 世纪 50 年代以后,随着经济社会发展,开始大量开采地下水,平原区地下水开采量在总排泄量中占比逐渐升高:1956—1979 年,人工开采量占总排泄量比例约为 24%;1980—2000 年,人工开采量占总排泄量的比例达到了 40%;2001—2016 年,人工开采量占总排泄量比例上升至 62%,成为主要的排泄途径。其中,海河区平原区 2001—2016 年人工开采量占总排泄量比例达 97%。

5.地下水补排均衡关系变化

随着地下水补给与排泄结构变化,我国地下水补给-排泄关系发生明显变化,尤其是北方地区排泄量大于补给量,补排关系逐渐失衡,失衡范围由海河区扩大至松花江区、辽河区、黄河区、西北诸河区等北方多个地区，补给排泄差逐步变大，地下水存储亏损量持续加大，亏损面积由 8 万 $km^2$ 扩大至 30 万 $km^2$。其中，西北诸河区补排差由 1956—1979 年年均 15.7 亿 $m^3$ 增长至 2001—2016 年年均 37.7 亿 $m^3$，海河区补排差由年均 12.4 亿 $m^3$ 增长至年均 37.6 亿 $m^3$（见表 2-5）。长期补排失衡导致地下水“入不敷出”，造成区域地下水位大幅下降，地下水径流场和应力场发生明显变化，地下孔隙水压力-有效应力承载平衡、地下水-海（咸）水界面水压力平衡被打破，引发地面沉降、海水入侵等地质环境问题。

**表 2-5　北方地区平原区地下水补给排泄差变化情况**　　单位：亿 $m^3$

| 分区 | 1956—1979 年 | | | 1980—2000 年 | | | 2001—2016 年 | | |
|---|---|---|---|---|---|---|---|---|---|
| | 总补给量 | 总排泄量 | 补排差 | 总补给量 | 总排泄量 | 补排差 | 总补给量 | 总排泄量 | 补排差 |
| 松花江区 | 223.9 | 218.5 | 5.4 | 256.3 | 252.8 | 3.5 | 253.2 | 273.8 | -20.6 |
| 辽河区 | 110.4 | 112.3 | -1.9 | 125.6 | 120.3 | 5.3 | 119.3 | 121.8 | -2.5 |
| 海河区 | 192.3 | 204.7 | -12.4 | 163.9 | 195.1 | -31.2 | 162.9 | 200.5 | -37.6 |
| 黄河区 | 164.2 | 169.0 | -4.8 | 161.9 | 165.4 | -3.5 | 164.5 | 176.1 | -11.6 |
| 黄河区 | 306.7 | 305.1 | 1.6 | 280.3 | 278.4 | 1.9 | 305.2 | 307.4 | -2.2 |
| 西北诸河区 | 512.5 | 528.2 | -15.7 | 436.3 | 438.9 | -2.6 | 477.3 | 515.0 | -37.7 |
| 合计 | 1 510.0 | 1 537.8 | -27.8 | 1 424.3 | 1 450.9 | -26.6 | 1 482.4 | 1 594.6 | -112.2 |

### （二）影响因素分析

1.气候变化

气候变化导致区域降水强度改变（见表 2-6），降水入渗补给量随之改变，影响地下水资源数量。2001—2016 年系列与 1956—1979 年系列相比，海河区降水量减少 10%，辽河区减少 6%，导致降水入渗补给量减少，并引起地表径流量和河湖渗漏补给量减少；西北诸河区、东南诸河区降水偏丰，地下水资源量也明显增大。

表 2-6　降水变化　　单位:mm

| 分区 | 1956—1979 年 | 1980—2000 年 | 2001—2016 年 |
|---|---|---|---|
| 松花江区 | 491.8 | 518.1 | 494.6 |
| 辽河区 | 553.0 | 539.4 | 518.1 |
| 海河区 | 558.6 | 494.8 | 503.3 |
| 黄河区 | 460.9 | 438.0 | 456.8 |
| 淮河区 | 856.1 | 814.9 | 841.8 |
| 长江区 | 1 072.9 | 1 098.3 | 1 067.4 |
| 东南诸河区 | 1 634.1 | 1 697.9 | 1 732.2 |
| 珠江区 | 1 553.8 | 1 544.7 | 1 576.1 |
| 西南诸河区 | 1 114.1 | 1 094.7 | 1 087.0 |
| 西北诸河区 | 155.4 | 165.5 | 181.2 |
| 全国 | 640.3 | 645.4 | 641.4 |

2.下垫面条件改变

随着经济社会发展、城镇化推进、水土保持建设等,我国土地利用格局发生了显著变化,加之南水北调等跨流域引调水工程以及大规模灌溉工程建设,全国和区域供用水格局逐步形成和完善。陆面过程的改变引起了下垫面条件发生剧烈变化,北方很多地区产汇流机制和地下水补、径、排机制发生了较大改变。

图 2-3 为海河区河川径流量与降水量关系变化情况,从 3 个时间系列降水-径流关系拟合线及其斜率可以看出,海河区在 1956—1979 年、1979—1980 年、2001—2016 年 3 个时间段内,产流能力明显降低。如 2001—2016 年系列年均降水量与 1980—2000 年系列基本持平,但地表径流量减少了约 25%。黄河区、辽河区等北方很多地区降水与径流关系呈现类似变化趋势。产流能力和径流减少导致河道渗漏补给量减少,造成地下水资源量和补给结构改变。

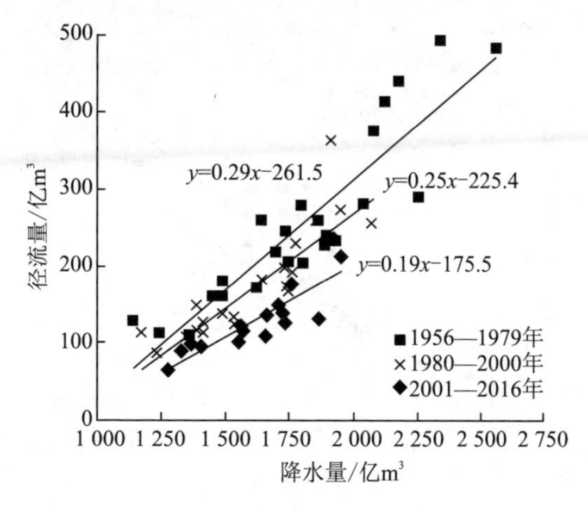


**图 2-3　海河区河川径流量与降水量关系变化**

3.人类活动影响

人类活动对地下水的影响主要体现在补给和排泄两个方面。在地下水补给方面,由于凿井开采、疏干排水等人类活动干扰,北方平原区地下水位大幅下降,如太行山前平原浅层地下水平均埋深由 20 世纪 80 年代的 3~4 m 增大到 30~40 m。地下水位下降后,降水入渗过程延长,降水入渗补给系数变小,在相同降水情况下降水入渗补给量明显减少。

如图 2-4 所示,从 1956—1979 年、1980—2000 年、2001—2016 年黄河区的降水入渗补给量-降水量关系可以看出,2001—2016 年相同降水条件下降水入渗补给量较 1956—1979 年、1980—2000 年明显减少。海河区、辽河区、淮河区、松花江区等北方很多地区降水量与降水入渗补给量关系呈现类似变化趋势。

另外,由于灌溉面积迅速发展,灌溉用水量明显增长,地下水灌溉渗漏补给量随之增大,进一步改变了地下水补给结构。在地下水排泄方面,地下水开采量的快速增大,改变了地下水排泄结构,自然排泄量被袭夺,是导致基流减少、泉水枯竭、湿地萎缩等生态环境问题的主要原因。

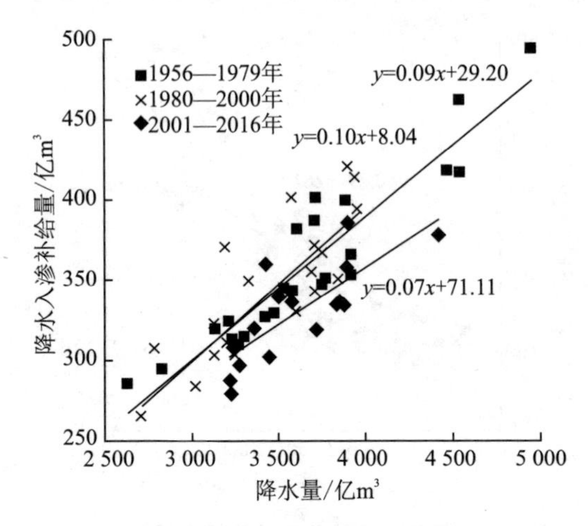


**图 2-4 黄河区降水入渗补给量与降水量关系变化**

与 1956—1979 年、1980—2000 年系列相比,2001—2016 年我国地下水资源数量略有减少,不同区域演变趋势差别明显。北方的西北诸河区、松花江区、淮河区地下水资源量有所增长,南方地区总体变化不大,海河区、辽河区、黄河区浅层地下水资源量有所减少,尤其是海河流域、辽河流域、黄河中下游等地下水开发利用强度较高的区域衰减趋势明显。

地下水循环路径改变,降水入渗补给、河湖渗漏补给、河道排泄、潜水蒸发等自然路径循环减弱,人工开采、灌溉补给等人工路径循环增强。

地下水补给结构改变,自然补给演变为自然与人工双补给模式。与 1956—1979 年比较,2001—2016 年我国平原区灌溉渗漏补给量(包括渠系、田间、井灌回归)等人工补给量增加 16%,人工灌溉补给量在平原区地下水总补给量中占比升至 26%。

地下水排泄结构发生巨大变化,由自然排泄为主演变为人工排泄为主。随着地下水开采量的增大,北方平原区人工开采占总排泄量的比例由 1956—1979 年的 24%升至 2001—2016 年的 62%,成为主要排泄途径。海河区、辽河区、黄河区人工开采占比超过 80%。

降水变化、下垫面条件改变、人类活动干扰等是导致地下水资源数量变化、地下水补给与排泄结构改变的主要因素。

## 三、我国水资源分布和生态红线

充分发挥生态红线理念，树立实效性，针对各类生态环境保护问题，坚决不能存在跨越雷池的行为。只有确保相关制度的有效执行和落实、确保各环节相关法治操作均发挥出较高实效性，才可以达到有效优化生态文明建设质量的目的。举例来讲，倘若将全球水资源比作一缸水，则淡水只占其中的极少数，除去无法实施开采操作的地下水资源以及南北极的冰川，可利用的淡水资源占比极少。我国淡水总量在 2.8 万亿 $m^3$ 左右，在全球范围内总淡水资源中占约 6%，人均淡水量仅占全球人均淡水量的 25%，是现阶段全球人均淡水量最少的国家之一。

我国作为人口大国和农业大国，对水资源有着巨大的需求量。在汉代，人口约 6 000 万，随着多年的发展，到明代人口数量已达约 1.5 亿，随后，我国人口开始了迅速增长，截至中华人民共和国成立时期，我国人口数量已经突破 5 亿。人口数量快速增加的同时，水资源的总量却未有明显变化，加之目前城市化、工业化不断深入，资源需求矛盾问题日益凸显。我国超过 50%的人口和土地现阶段依旧承受着水资源匮乏问题的不良影响。

多年以来，我国黄河、长江的上游地区始终饱受着水资源匮乏问题的困扰。三江源区域依靠人工降水维系着脆弱的自然生态系统。基于起初的自然降水到后来的人工降水，青藏高原地区的水循环系统有效运行的难度越来越高。水资源匮乏对我国的影响日益扩大。黄河对中华儿女来讲具有十分重要的意义，随着多年的发展，现阶段我国黄河流域的灌溉面积已经超过 1 亿亩（1 亩 = 1/15 $hm^2$），扩大了不止 8 倍，人口也从起初的 4 000 万上升到了现阶段的 4 亿以上。1997 年黄河断流期间，流至海中的水量为零。

从 20 世纪 70 年代至今，黄河断流长达 1 027 d，累计达两年零八个月。虽然政府下大决心治理黄河，现阶段的黄河虽然已经连续 20 多年没有出现过断流问题，但其径流量始终处于不断减少的过程中，基于 1976 年至今，黄河入海口的距离和初始位置已经达到了 15 km 以上。除了气候变化的原因，更多是人类的影响，如人类过量地利用地表水和地下水，地表水和地下水来不及补充，形成了累积性“赤字”。

水,是维持生命的重要元素。以北京市为例,该市应用自来水的用户超过600万,日均供水量可以达到300多亿 $m^3$,能够将6个水立方全部灌满,与2个昆明湖的储水量持平。

吃掉一个汉堡相当于耗掉2 400 L水,打印一张车票需要应用约1 L水。个人日均消耗的可见水资源实际只在水消费中占据极少的比例。例如,一滴咖啡的制作用水量大于1 100滴,一杯啤酒的制作用水量大于3 000 L。据相关资料,为了确保人类日常生活需求得到充分满足,人均每年需要使用超过100万 L水,换而言之,一个人3 d就可以用完一油罐车的水。基于人口压力影响,北京市受缺水问题影响十分严重。全球水资源匮乏问题最严重的国家是以色列,该国人均淡水量约为300 $m^3$,而北京市人均只有105 $m^3$。

20世纪90年代后,社会经济的发展速度不断加快,但对于污染的治理工作却缺乏足够重视。基于流域污染物数量较多以及各种人类活动、水工程等的影响,湖泊水生态系统破坏、水化学失调等问题出现频率越来越高,且日渐趋于严重化。上海是我国经济发展速度较快的城市之一,虽然水资源在其发展过程中起到了十分重要的作用,但其水质型缺水问题的影响依旧较为明显。随着各类污染物的增长速度大幅提升,上海河道污染问题日益严重化,黄浦江取水口在几十年内便进行了多次变更。与上海的情况相类似的城市,在我国的数量超过30个,这些城市中的人们均承受着临靠江河却无水可喝的压力。我国超过400座城市存在无法正常供水的问题,其中约30个城市饱受长期缺水问题的困扰,人口数量均达百万或者百万以上。

400 mm等降水量线将我国大陆分为南、北两部分,这条线的主要作用为分割我国半干旱及半湿润区域。我国水资源的主要分布情况为北方区域占比较少,南方区域占比较大。北方区域耕地面积约为国家总耕地面积的60%以上,国土面积也为国家总面积的60%,GDP及人口占比均约为国家总量的50%,但水资源占有量在国家总量中却不到20%。

西部干旱地区缺水问题极为突出,该区域人口7 d的生活用水总量和城市人口日均马桶用水持平,导致宁夏、甘肃多数区域出现贫穷问题的主要原因即为水资源过于匮乏。

针对人口数量大、水资源匮乏、水资源分布不均匀的现实问题，水资源短缺和水环境恶化已严重影响了我国经济社会的可持续发展。2012 年，国务院发布《关于实行最严格水资源管理制度的意见》，明确提出水资源开发利用控制、用水效率控制和水功能区限制纳污三条红线。其中，一条红线对我国未来 20 年的用水总量进行了严格限制，水资源开发利用红线，即到 2030 年，全国用水总量控制在 7 000 亿 $m^3$ 以内。人类社会发展要自律式发展，要内涵式发展，尽量降低基于自然水循环取水的频率，确保排至自然水循环的水具备较高的洁净度。我国现阶段可利用的水资源约为 2.8 亿 $m^3$，想要达到将总用水量控制在可利用水资源总量的 25%左右，就需要重视确保生态用水的足量预留，有效确保自然水循环实效性。

我国与发达国家相比，单方水的产出相差较大，工业生产用水效率低，导致成本偏高，产值效益不佳，单方水的 GDP 产出为世界平均水平的 1/3。全国大多数城市工业用水浪费严重，平均重复利用率只有 30%~40%。目前，全国城市生活污水集中处理率平均为 63.4%，无法与先进国家相比。

地下水对于民族发展及子孙后代的生存来讲均有重要意义，据相关预测，地下水尤其是深度较深的地下水，其年龄多为千年甚至万年。基于现阶段开采过度问题的影响，地下水位依旧处于不断降低的过程中，对国土安全存在较大的威胁。

目前，国家已在多数省（市、区）划定了地下水禁采区和限采区。基于当今时代背景下的我国仅靠着薄弱的生态系统及匮乏的水资源为数量超过全球 20%以上的人口的生活和生产提供支持，在以后的发展过程中，水资源匮乏问题依然是我国需要关注的重点内容。我国现阶段应用的海水淡化技术已经可以发挥出较高的实效性，但想要对其开展大范围应用，并将淡化后的海水顺利运送至水资源严重匮乏的地区，困难程度依旧较高。采取现代化的技术和工艺开展水资源调配操作，可起到一定的效果，但却并非长久之计，因此我们需要守住红线，合理、科学地珍惜和节省任何一滴水，对确保人类在未来更好地生存和发展存在积极影响。

# 第三章　水资源的各种处理方式

## 第一节　南水北调

我国闹水荒，主要是指北方。特别是近20年来的自然变化和人类活动的影响，淡水资源南多北少的趋势更加严重。这种由自然、地理、气象等因素所形成的淡水资源分布情况，单用软科学的办法是很难解决问题的，必须用硬办法。正在进行的南水北调工程，就是硬办法之一。

### 一、南水北调工程实施的必要性

南水北调工程是我国一项重大的民生工程和生态工程。根据水利部南水北调工程管理司发布的数据：截至2022年1月初，工程累计供水量超过500亿$m^3$，惠及沿线7省（市）1.4亿人口，为优化我国水资源格局，满足沿线群众生活用水，推动经济社会高质量发展提供了坚强的水资源支撑，产生了显著的经济效益、社会效益。

#### （一）干渴的华北平原

水，对人类至关重要。水欠缺，人类经济社会发展将遭受瓶颈；水枯竭，人类文明将停滞不前；而没有水，地球上的生灵将不复存在。可以说，水是人类生存与发展的第一资源。然而，作为一种自然资源，水与一个区域的气候、地理环境紧密相连，不同地理空间水资源分布差异明显，这就导致水资源丰富的地区，工农业发达，经济社会发展程度高，自然生态环境良好。而水资源匮乏的地区，生态环境脆弱，经济社会发展也易于遭受水资源瓶颈约束。

一个区域的水资源与该地区的降水量联系紧密。我国大部分地区的降水主要由夏季太平洋东南季风带来，东南季风将水汽从我国东南沿海推向西北内陆,形成了我国从东南沿海向西北内陆递减的降水格局。这样的气候特点,导致我国水资源在空间和时间分布上的不均匀。

在空间分布上,我国水资源南方多,北方少。一般来说,秦岭淮河以南是我国传统意义上的南方地区,年降水量在 800 mm 以上,属于湿润地区,河流众多,水系密布,水资源丰富。而秦岭淮河以北地区是我国传统意义上的北方,该地区降水量为 400~800 mm,属于半湿润地区,由于降水量有限,我国北方绝大部分地区都面临着水资源短缺问题,其中尤以华北地区为甚。国际社会根据人均水资源拥有量将水资源短缺划分为四个等级,其中人均水资源低于 500 $m^3$ 为极度缺水,代表缺水最严重等级。根据生态环境部 2017 年公布的数据,我国北京、天津、河北、山东、河南 5 个北方省(市)的人均水资源量分别为 137.2 $m^3$、83.4 $m^3$、184.5 $m^3$、226.1 $m^3$、443.2 $m^3$,都属于极度缺水地区。

上述数据有两点值得注意,一是数据统计的时间是 2017 年,此时南水北调工程已经通水,在获得“南水”补充后,上述地区仍然处于极端缺水状态,可想而知,倘若没有调水工程,上述地区目前将面临怎样的水资源困境;二是上述地区是我国北方经济的重要支撑,天津是我国重要的经济中心,而北京更是我国的首都和政治、经济、文化、科技中心,一旦上述城市和地区遭遇水资源危机,将对我国经济社会稳定发展产生巨大影响。

从时间分布上看,我国各地降水与夏季太平洋季风关联紧密,这导致我国大部分地区降水季节分配不均问题突出。我国北方不少地区降水量和河川径流量的 3/2 以上都集中在夏季汛期,汛期一过,自然降水量就大幅下降,水资源存量也就无法得到有效补充,而区域经济社会发展所需的用水量却并不会因为汛旱交替而下降。这种供水量和用水量在时间上的不匹配,导致北方不少地区旱涝急转,进一步恶化了水资源供需矛盾,极大地增加了这些地区的水资源合理开发利用和生态环境保护的难度与挑战。

除受降水等水资源供给量影响外,区域水资源短缺问题还受到需求量影响。一般认为我国新疆地区地处内陆,降水稀少,应该面临更严峻的水资源短缺问题。事实上,新疆虽然水资源供给量有限,但由于人口稀少,人均水资源拥有量约为 4 000 $m^3$,远超全国平均水平,与湖南相当。而我国北方 15 个省(区、市)国土面积占全国的 60.42%,常住人口占全国的 41.86%,GDP 总量占全国的 38.6%,耕地面积占全国的 60%,而水资源总量仅占全国的 19%,水资源需求量与供给量之间的巨大差距是我国北方地区水资源短缺问题的直接原因。其中,京津冀所在的海河流域水资源问题尤为严重,人均水资源占有量甚至比在中东沙漠地区的以色列更低,可以说是我国最“干渴”的地区。

我国北方地区在水资源严重不足的情况下,水污染问题也十分严峻。以华北平原为例,该地区分布着大量钢铁冶炼、石油化工、矿山开采和加工等高能耗、高污染、高耗水行业,一方面这些行业耗水量大,另一方面这些高污染行业会排放大量工业污水、废水。此外,农业面源污染也是当地水污染的一个重要源头,华北平原地势平坦,适宜农业生产,但由于耕作方式不科学,农业生产中过量施用农药、化肥,不达标再生水灌溉等问题突出,这些污染物最终或随雨水进入地表径流,或渗入地下污染地下水,最终演变成为水污染的重要源头。

为应对水资源不足问题,华北地区自 20 世纪 70 年代开始就大规模开采、利用地下水,目前已经成为全世界地下水开采范围最广、规模最大、强度最高的地区之一。但开采过程中对地下水资源可持续开发利用问题缺乏重视,导致超采问题严重,目前华北地区地下水超采亏空达 1 800 亿 $m^3$ 以上,超采面积超 18 万 $km^2$,已占到华北平原总面积的 60%。地下水超采已经引发了一系列生态环境问题和地质问题。一是地下水位持续下降。地下水超采已经导致华北平原形成了多个地下水降落漏斗,不仅影响植被生长,也提高了采水成本。二是导致地下水补给河流量大幅减少,甚至消失。目前超采最为严重的海河流域,27 条河流中有 23 条已经出现不同程度的断流或干涸,流域内湖泊、湿地等水域面积大幅缩减,部分泉水枯竭断流。三是引发地面沉降、地裂缝、海水入侵、水质恶化。地下水被抽空后,地表会逐渐下沉,2017 年,华北平原地面年沉降量超 50 mm 的区域达到 1.49 万 $km^2$,沉降区域的建筑、交通等正遭受严峻考验。

经济社会发展的用水需求与区域自然来水的矛盾和不平衡是客观

存在的，为了摆脱水资源困境，实现人类社会的可持续发展，世界不少国家都通过实施跨流域调水工程，以人工方式干预区域水资源时间、空间分布，以缓解水资源供需矛盾问题。就我国华北地区所面临的严峻水资源供需矛盾来看，实施一项重大的跨流域调水工程是十分必要的。

### （二）伟大的南水北调工程

五棵松地铁站是北京地铁 1 号线上普通的一站，呼啸而过的列车、熙熙攘攘的人流，都在表明这里与全世界其他繁忙的地铁站并无二致。如果说它有什么与众不同的地方，那一定是深埋于站台底 3.67 m 处的 2 条巨大混凝土涵道。在这 2 条暗涵之内，日夜不息地奔涌着千里之外的滔滔汉江水，它们自丹江口水库汇聚而后北上，一路穿过铁路、河流、桥梁、农村、城市，在田野和地下管线中纵横交错，最终流向河湖水库和千家万户。站台上穿梭的人群也许并不知道，他们脚下这项超级工程正在悄然改变着华北平原 40 多座城市、280 多个区（县），和连同他们自己在内的亿万人的命运。这项超级工程就是我国的南水北调工程。

调水工程在人类数千年的文明发展史上并不鲜见，目前在全世界 40 多个国家共有 400 多项调水工程。我国兴修调水工程的历史十分悠久，早在春秋时期，吴国为伐齐就开凿了邗沟；战国末期，秦国蜀郡守李冰在岷江上建成都江堰；秦王嬴政在位时期修建的郑国渠、灵渠；隋朝和元朝时期扩建、翻修的京杭大运河等，都是我国历史上有名的调水工程。中华人民共和国成立后，我国建成了包括东深供水、引滦入津、引黄济青、引额济乌等在内的数百项调水工程，但无论是在规模、技术难度，还是工程效益方面，这些调水工程都无法与南水北调工程媲美。

南水北调这一超级工程是一项真正的世纪工程。1952 年，在中华人民共和国成立的第三个年头，在抗美援朝战争尚未结束、社会生产尚未完全恢复之际，毛泽东主席在视察黄河时就从国家和民族长远发展的角度提出：南方水多，北方水少，如有可能，借点水来也是可以的。这是我国南水北调宏伟构想的首次提出。但受限于当时我国的经济实力和技术水平，这一伟大构想只开展了前期论证，而并未真正付诸建设实践。2002 年 12 月 23 日，经过我国领导人和科学家半个世纪的精细调研、缜密论证和科学决策，国务院正式批复了《南水北调总体规划》（简称《规划》）。按《规划》，南水北调工程包括西、中、东三条线路，分别从长江上中下游取水。东线工程以长江下游扬州江都水利枢纽为起点，利用京杭大运河及与其平行的河道逐级提水北送，到东平湖后再分东、北两支线，东线经胶东输水干线输水到青岛、烟台、威海地区，而北线则穿黄河到天津，规划调水规模148亿$m^3$。中线则从丹江口水库引水，通过开挖渠道，在郑州以西李村附近穿黄河，而后沿京广铁路西线自流到北京、天津，规划调水规模130亿$m^3$，工程分两期建设。西线工程主要解决青海、甘肃、宁夏、内蒙古、陕西、山西等黄河中上游地区和渭河关中平原的缺水问题。

规划一经批复即进入了紧张的施工阶段。2002年12月27日、2003年12月30日南水北调东线工程和中线一期工程分别开工建设。经过数十万建设者十多年的艰苦奋战，南水北调东线工程和中线一期工程分别于2013年11月15日、2014年12月12日如期建成通水。至此，这项经历了半个多世纪的世界级调水工程，终于从伟人脑海中的构思变成了助推大国崛起、民族复兴的战略性基础设施。

## 二、南水北调统筹时间和空间关系的思路

南水北调工程通水以来发挥了巨大效益，立足新发展阶段、贯彻新发展理念、构建新发展格局，对推进南水北调后续工程高质量发展提出新要求。

### （一）水资源时空分布新形势

南水北调工程与经济社会的空间布局和发展阶段关系紧密，要科学分析和研判水资源时空分布特征及演变形势，准确评判水资源与经济社会发展布局的匹配状况，为构建南水北调水资源时空调配体系奠定基础。

#### 1.水资源时空分布特点

我国大部分区域受季风气候和大陆性气候影响，降水时空分布不均，夏汛冬枯、北缺南丰是我国的基本水情。在空间分布上，降水总体从东南向西北方向递减，北方地区多年平均降水深仅为南方地区的1/4

左右，长江、淮河、黄河和海河四大流域多年平均降水量分别为1 080 mm、840 mm、450 mm和530 mm。在时间分布上，降水和径流年际变化大，年内多集中在6—9月，年际年内变化幅度南北方差异较大，南方地区河川径流量极值比一般在5.0以下，连续最大4个月的河川径流量占全年的比例一般在50%~70%，而黄淮海地区的河川径流量极值比普遍大于10.0，海河和淮河流域连续最大4个月的河川径流量占全年的比例介于60%~90%，黄河流域介于50%~80%。

2.水资源与经济社会发展布局匹配状况

我国水资源总量大，但人均水资源量、耕地亩均水资源量分别仅为世界平均水平的28%和65%，水资源禀赋条件与经济社会发展布局不相匹配，水土资源空间失衡问题尤为突出。黄淮海流域是我国水资源承载能力与经济社会发展最不相适应的地区，国土面积约占全国的15%，人口约占35%，耕地约占32%，GDP约占34%，但水资源总量仅占7%，人均和耕地亩均水资源量约为全国平均水平的1/5，水土资源空间严重失衡。长江流域水资源总量丰沛，约占全国水资源总量的35%，国土面积约占全国的19%，人口约占33%，耕地约占24%，GDP约占34%，人均和耕地亩均水资源量均高于全国平均水平，水资源承载能力相对较优。

3.新时期水资源演变形势

21世纪以来，我国水资源南多北少格局未发生大的改变，但受气候变化和下垫面条件变化的影响，部分区域水资源变化显著，总体上朝对经济社会和水资源可持续发展更不利方向演变。2000年以来，海河流域和黄河流域水资源衰减显著，水资源总量分别偏少22%和10%，进一步加剧了区域水资源短缺形势。淮河流域水资源基本稳定，水资源总量偏多2%，长江流域水资源略有减少，水资源总量偏少4%。南水北调工程通水后，受水区水资源紧缺状况有所缓解，但是要解决长期以来地下水累积超采和挤占河道内生态环境用水问题，实现河湖生态复苏，在当地水资源衰减形势下，水资源承载压力仍然较大。

**(二)统筹时间和空间关系的总体思路**

为改善水资源时间与空间失衡状况，可通过蓄水工程调节水资源时程分布,通过引调水工程改变水资源地域分布。要坚持以水定城、以水定地、以水定人、以水定产,根据不同阶段国土空间格局和经济社会发展形势,优化配置促进空间均衡,统筹供需促进时间匹配,系统调配促进时空协调,有效改善黄河、海河流域水资源供给能力不足和淮河流域水资源供给保证率不高的问题。

1.优化配置促进空间均衡

水资源配置要以空间均衡为指引,对于水资源空间不均衡的区域,一方面要把水资源承载力作为刚性约束,健全总量控制、定额管理和准入清单的管控机制,约束粗放低效的生产生活方式,提升水资源利用效率和效益;另一方面要优化南水北调东中西线布局,完善水资源配置工程体系,科学调度管理和合理使用水资源,提高水资源承载能力,促进区域水资源与人口、经济、耕地和生态环境更加均衡,实现绿色发展、人水和谐。

2.统筹供需促进时间匹配

水资源天然来水过程与经济社会需水过程往往差异较大,汛期弃水而非汛期缺水、丰水年涝而枯水年旱的情况十分普遍。为充分利用水资源,要让水资源供给和需求在时间过程上相协调,一方面通过调蓄工程对天然来水过程进行调节,使得汛期和非汛期、丰水年和枯水年的可供水量与用水过程更加匹配,南水北调可利用长江丰水期相继向北方加大输水;另一方面针对不同对象用水过程和要求的差异,合理分配供水水源,生活用水和工业用水等保障要求较高、需水过程较稳定,可优先考虑从供水保障程度较高的水源取水。

3.系统调配促进时空协调

要兼顾水资源配置空间均衡和供需时间匹配,才能全面提高供水保障能力和防范风险能力。在进行调水工程体系谋划时,要综合考虑供水区的可供水量与供水过程、受水区的需水量和需水过程,全局性谋划工程总体布局和规模,整体性推进调水工程和配套调蓄工程。针对不同发展阶段的用水需求,南水北调工程要在统一规划的前提下,分期实施,实现水资源与经济社会发展阶段的经济需求、生态环境需求和安全需求相协调。

## 三、南水北调对水资源配置的优化

南水北调工程是事关战略全局、事关长远发展、事关人民福祉的跨流域跨区域配置水资源的骨干工程，也是重大战略性基础设施。

南水北调东线、中线一期工程全面通水以来，工程年调水量从20多亿$m^3$持续攀升至近100亿$m^3$，累计向北方地区调水超520亿$m^3$，直接受益人口达1.4亿，发挥了巨大的经济效益、社会效益、生态效益。工程建设实施，不仅沟通了长江、淮河、黄河、海河四大流域，初步构建起我国南北调配、东西互济的水网格局，也改变了受水区供水格局，成为受水区城镇和工业供水的重要水源，推动了受水区经济社会平稳发展，真正成为优化水资源配置的生命线。

### （一）南水北调构成国家水网的主骨架和大动脉

党的十九届五中全会和国家"十四五"规划纲要明确提出实施国家水网重大工程。在推进南水北调后续工程高质量发展上，要加快构建国家水网，"十四五"时期以全面提升水安全保障能力为目标，以优化水资源配置体系、完善流域防洪减灾体系为重点，统筹存量和增量，加强互联互通，加快构建国家水网主骨架和大动脉，为全面建设社会主义现代化国家提供有力的水安全保障。加快构建国家水网，增强水安全保障能力，是促进水资源与生产力布局相匹配的战略措施。

水利部积极推进国家水网建设，国家水网重大工程建设总体规划提出，立足流域整体和水资源优化配置，科学谋划"纲""目""结"工程布局。做好"纲"的文章，统筹存量和增量，加强互联互通，推进重大引调水工程建设。做好"目"的文章，加强国家重大水资源配置工程与区域重要水资源配置工程的互联互通，开展水源工程间、不同水资源配置工程间水系连通。做好"结"的文章，加快推进列入流域及区域规划，符合国家区域发展战略的重点水源工程建设。

南水北调工程作为国家水网的骨干部分，承担着构建"南北调配、东西互济"水资源优化配置格局的重要任务，它打破了地理单元的局限性，通过东、中、西三条调水线路，沟通长江、淮河、黄河、海河四大流域，形成"四横三纵"国家水网主骨架和大动脉。在此基础上，统筹考虑区域水网、地方水网建设,科学合理实施水资源配置,助力形成覆盖全国主要地区的“系统完备、安全可靠,集约高效、绿色智能,循环通畅、调控有序”的国家水网,为实现水资源空间均衡布局奠定物理基础,为经济社会高质量发展、实现中华民族伟大复兴提供重要支撑。

### (二)南水北调是跨流域跨区域配置水资源的骨干工程

我国基本水情一直是夏汛冬枯、北缺南丰,水资源时空分布极不均衡。建设调水工程是我国目前实现水资源优化配置的重要手段,而南水北调是跨流域、跨区域配置水资源的骨干工程。南水北调东线、中线一期工程建成后,惠及河南、河北、北京、天津、江苏、安徽、山东7省(市)沿线40多个大中城市和280多个县(市、区),从根本上改变了受水区供水格局,改善了水质,提高了供水保证率。“南水”已由原规划的受水区城市补充水源,转变为多个重要城市生活用水的主力水源。目前,北京市城区七成以上供水为“南水”,天津市主城区供水几乎全部为“南水”,山东省形成了“T”字形水网。南水北调工程有效缓解了华北地区水资源短缺问题,为京津冀协同发展、黄河流域生态保护和高质量发展等重大国家战略实施提供了有力的水资源支撑和保障。

南水北调工程将成为京津冀协同发展的生命工程。京津冀地区是我国严重缺水地区,水资源总量“先天不足”,水资源短缺严重制约区域经济发展和京津冀协同发展。南水北调东线、中线一期工程全面通水近10年来,基本改变了北方地区水资源严重短缺的状况,破解了影响北方经济发展的水资源瓶颈,对沿线地区经济社会发展起到了巨大的推动作用。南水北调来水增加了北京市可调配水源,优化了北京市的水资源配置,城区的用水安全系数提升至1.2,人均水资源量提升至150 $m^3$。如今,北京城区日供水量的70%以上均来自南水北调中线工程;天津市主城区供水几乎全部为“南水”。

随着南水北调东线北延应急供水工程正式通水,天津、河北等地的水安全保障能力进一步增强。2022年3—5月,东线北延应急供水工程向河北、天津调水超1.45亿 $m^3$,我国北方地区水资源短缺局面进一步得到缓解。随着京津冀协同发展向纵深推进,区域生活用水和生态用水等刚性用水需求将进一步增加。长江科学院牵头多家咨询单位完成的《新时期南水北调工程战略功能及发展研究》(简称《南水北调战略研究》)指出,预计到2035年,京津冀用水量将较2017年增加67亿$m^3$以上。目前,京津冀地区农业节水和工业节水已经处在较高的水平,进一步压缩用水的空间较为有限,而生活用水和生态用水仍将继续增长。如果没有外调水的增量水资源,京津冀协同发展将面临严重制约。据测算,南水北调后续工程实施后,京津冀调水总规模将达到87亿$m^3$,"南水"用于北京生产生活供水将达到19.7亿$m^3$,生态供水可能超过5亿$m^3$,这与2020年北京市水资源总量25.76亿$m^3$的规模基本相当,能够有效为京津冀地区发展提供重要的水资源保障支撑。

设立河北雄安新区,是党中央深入推进京津冀协同发展做出的一项重大决策部署,是千年大计、国家大事。规划建设雄安新区7个方面的重点任务之一是"打造优美生态环境,构建蓝绿交织、清新明亮、水城共融的生态城市"。然而,雄安新区水资源较为紧缺。《南水北调战略研究》指出,雄安新区多年平均水资源量为1.73亿$m^3$,人均水资源量仅144 $m^3$,当地贫乏的水资源难以支撑雄安新区建设需求。南水北调工程的优质水源不仅能够解决雄安新区未来每年3亿$m^3$左右的城市生活用水和工业用水需求,还将解决现存的地下水超采、白洋淀生态用水不足等问题。

南水北调工程为黄河流域生态保护和高质量发展提供水资源保障。黄河流经我国9个省(区),全长约5 464 km,是我国第二大河,流域内总人口约4.2亿。黄河流域是关系我国生态安全、能源安全、粮食安全、经济安全的重要地区。

然而,黄河流域水资源保障形势严峻。黄河水资源总量不到长江的7%,人均占有量仅为全国平均水平的27%。水资源利用较为粗放,农业用水效率不高,水资源开发利用率高达80%,远超一般流域40%的生态警戒线,流域水资源短缺情况非常严重。特别是近30年来,黄河天然来水量呈不断减少趋势,1919—1975年,黄河多年平均天然径流量580亿$m^3$;第二次全国水资源评价1956—2000年黄河多年平均天然径流量535亿$m^3$;2001—2017年,黄河多年平均天然径流量仅为456亿$m^3$。水的问题成为黄河流域高质量发展最为关键的一个环节。

南水北调工程通过“补下援上”战略，将从根本上解决黄河流域资源性缺水问题。一方面，增加南水北调东线工程向黄河流域中下游河南、山东等地的供水量，或向河流湖泊直接进行生态补水，可调减黄河中下游用水量，从而将余出来的水量留给黄河上中游及毗邻地区利用。截至2022年5月，南水北调东线工程已向山东累计调水52.88亿$m^3$。南水北调东线山东段工程，从战略上调整了山东水资源布局，不仅缓解了水资源短缺困难，更实现了长江水、黄河水、淮河水和当地水的联合调度、优化配置，为保障全省经济社会可持续发展提供了强有力的水资源支撑；南水北调中线工程向河南累计调水161亿$m^3$，河南10余个省辖市用上“南水”，其中郑州中心城区90%以上居民生活用水为“南水”。另一方面，进一步加快南水北调西线工程的论证工作，西线一期工程预计可直接向黄河上游补水80亿$m^3$，增加黄河干流的水资源总量。这对于进一步优化黄河流域区域间和区域内水资源配置，改善我国黄河流域生态环境，提高水资源对经济社会发展的承载能力，促进和保障流域区域经济社会健康可持续发展具有重大意义。

**（三）南水北调“先节水后调水”原则倒逼受水区水资源配置更加优化**

跨流域调水是水资源配置中最后考虑采用的手段，必须在节水、挖掘本地水资源潜力、开发非常规水源等措施最大限度完成的基础上才能考虑，而且需要充分评估受水区水资源需求的重要性，同时考虑调出区水源的可利用条件，避免可能带来的生态和环境问题。因此，调水工程水资源配置一定要统筹供给侧的开源能力和需求侧的节水潜力，保障生态要求、符合经济规律、满足发展需求。2002年，国务院批复的《南水北调工程总体规划》，提出要坚持“先节水后调水，先治污后通水，先环保后用水”的“三先三后”原则。多年来，“先节水后调水”正倒逼南水北调工程受水区用水和经济发展方式转变，潜移默化影响着受水区的水资源配置格局。

在“先节水后调水”原则引导下，受水区各地进一步加强了节水工作。据测算，从2003年到2014年南水北调全面通水时，全国人均用水量增长了8%，北京、天津、河北和山东人均用水量分别下降了27%、21%、11%、8%；全国城镇生活平均用水定额基本保持稳定，而同期北京、天津、河北、河南和山东分别降低10%、25%、36%、21%和14%;万元GDP用水量、万元工业增加值用水量等指标也不同程度有所下降。在南水北调工程全面通水后,受水区各级政府继续维持高效节水态势,受水区有94%的地市人均用水量低于全国平均值,其中有11个市人均用水量低于全国平均值的1/2。从万元GDP用水量来看,受水区有76%的地市低于全国平均值,其中有12个市万元GDP用水量低于全国平均值的1/2。倒逼作用下,受水区经济社会发展质量显著提高。京津冀地区加上南水北调中线供水,人均水资源量也仅为270 $m^3$左右,不足全国平均水平的1/7。正是依靠对水资源的循环利用、再生利用、分质利用、高效利用,才实现2003年以来区域用水总量仅增长46%的情况下,GDP增长5倍多。

迈入新发展阶段,“先节水后调水”的原则仍然适用。要坚持节水优先,把节水作为受水区的根本出路,长期深入做好节水工作,根据水资源承载能力优化城市空间布局、产业结构、人口规模。事实证明,调水先节水,坚持节水优先,通过社会水循环全过程节水实现水资源集约、节约利用,是南水北调工程发挥最大效益的根本保证。南水北调后续工程科学规划建设,需要科学认识当前面临的现实需求和挑战,受水区全面落实“四水四定”原则,优化用水模式,推进水资源高效利用,加快建立水资源刚性约束制度,进而最大程度发挥调水产生的经济效益、社会效益和生态效益。

## 四、南水北调工程的生态效益

生态效益虽然不是南水北调工程建设的首要目标,但其建成后对沿线城市和地区生态环境改善所发挥的巨大作用仍然值得称颂。具体来看,其生态效益主要表现在以下方面。

### (一)地下水位止跌回升

对水资源的迫切需求直接导致华北平原地下水超采问题严重,但自南水北调工程通水以来,沿线受水区通过水资源置换、生态补水等方式为地下水供应赢得了“喘息”之机,地下水位下降趋势得以扭转,地下水位开始逐渐回升。

浅层地下水一直是河北省城乡生活用水和工农业生产用水的主要来源,南水北调工程来水大量置换了河北省受水区原有地下水供水量。2018 年河北省科学院地理科学研究所的科研人员发现,2015—2018 年河北省地下水用水量及用水比重都有了明显下降,其中沧州市、衡水市下降最为明显。2021 年 6 月,河南省地质矿产勘查开发局的研究人员发现,2015—2018 年河南省受水区 2/3 以上县区浅层地下水位开始逐渐恢复。2021 年 4 月,水利部海河水利委员会的科研人员发现,海河流域的地下水供水量已一定程度被置换出来,2014—2018 年 4 年间流域内浅层地下水位回升了 0.46 m。根据水利部南水北调工程管理司发布的数据,截至 2019 年底,东、中线一期工程累计生态补水 28.67 亿 $m^3$,北京、天津、河北等地的地下水位平均分别回升了 1.31 m、0.82 m、0.20 m。可以说,南水北调工程对华北平原地下水资源保护和可持续开发利用意义重大。

**(二)河湖水量逐步增加**

白洋淀素有“华北之肾”的美称,20 世纪 50 年代,白洋淀面积有 561 $km^2$,但随着华北地区水资源短缺问题日益严峻,白洋淀从 1984 年开始连续 5 年出现干淀现象。2018 年以来,南水北调中线一期工程开始持续向白洋淀生态补水,到 2021 年底累计入淀水量超过 24.5 亿 $m^3$,白洋淀水域面积从 171 $km^2$ 恢复至 275 $km^2$,如今白洋淀芦苇临风摇曳,荷花飘香,鱼虾嬉戏,“华北明珠”又逐渐恢复了昔日的勃勃生机。

白洋淀只是南水北调生态补水的一个缩影,事实上自全面通水以来,南水北调东线工程累计向山东东平湖、南四湖、济南市小清河等生态补水超 6 亿 $m^3$,泉城济南四季泉水喷涌不断的背后离不开工程保泉补源计划的实施;在江苏徐州段内,工程生态补水使骆马湖水位从 21.87 m上升至 23.10 m。中线一期工程也多次向流经沿线地区开展生态补水,目前已累计向北方 50 余条河流生态补水 70 多亿 $m^3$,除上文提到的白洋淀外,生态补水还使北京市南水北调调蓄设施增加水面面积 550 万 $m^2$,密云水库蓄水量 20 年首次突破 26 亿 $m^3$,河北省 12 条天然河道得以阶段性恢复,瀑河水库新增水面面积 370 万 $m^2$,河南省焦作市、濮阳市、新乡市、漯河市、邓州市、平顶山市多个水库、湿地、河流、湖泊水量也有明显增加。

**(三)水系水质提升明显**

南水北调直接关系北方居民的饮水安全,因此水质是关键。工程建设之初,我国就高度重视水源保护和工程沿线地区的水污染治理工作。

河南省淅川县九重镇ZH村坐落于南水北调中线源头丹江口水库畔,自20世纪末,村里人靠着精明的头脑和勤劳的双手,在辣椒产业的带动下奔向了小康生活。2010年当地的辣椒产业依旧红火,可ZH村的村民却决定放弃辣椒产业,转型创业再出发。原因是辣椒种植对农药、化肥需求量大,这将导致水中的氮、磷元素超标,污染北上水质,为守护一库清水,为"国字号"工程顺利实施,ZH村民毅然决定放弃生产经营多年的辣椒产业,转而开始石榴种植。十年树木绿山河,在政府和企业的帮助下,ZH村周边16个村3万农民开始向特色经济果林转型,目前30万亩果园已经覆盖在丹江口水库绿色山川间。

透过ZH村的产业变化可以看到我国对水源保护和水污染防治的决心和勇气。事实上,为从源头和根本上保证水质,南水北调工程水源区陕西、湖北、河南3省先后实施了丹江口库区及上游水污染防治和水土保持工程,建成了大批工业点源污染治理、污水垃圾处理、水土流失治理等项目,治理水土流失面积2.1万$km^2$。在工程沿线各地治污工程和周边区域水污染防治措施的作用下,南水北调东线干线水质全部达到Ⅲ类,中线源头丹江口水库水质95%达到Ⅰ类水,干线水质连续多年优于Ⅱ类标准。生态补水也显著提升了受水区水质,天津市就是一个典型案例。生态补水前,天津市中心城区4条一级河道8个监测断面水质为Ⅲ~Ⅳ类,而补水后水质则快速改善为Ⅱ~Ⅲ类。

**(四)环境承载力显著提升**

生态补水在改善受水区水质的同时,改善了这些区域的水生态环境,提高了区域环境承载力。

南水北调东线一期工程通水后,先后引干渠水向南四湖、东平湖补水2亿$m^3$,过去饱受干湖之苦的南四湖,如今水域面积不断扩大,常年栖息着超过200种15万只以上水鸟，曾经一度绝迹的鱼类和水生生物又重现南四湖及其支流中。由于水源补充再配合当地政府的水污染防治措施，以往湖水乌黑发臭、富营养化问题严重的东平湖目前水质常年稳定在地表水Ⅲ类水质，生态景观得到极大提升，已成为国家4A级旅游风景区。这两个鲜活的例子充分说明南水北调工程生态补水对改善区域水生态环境、增强水资源和环境承载力有重大意义。

在南水北调工程取得巨大社会效益和生态效益的同时，我们也应清醒地认识到，目前我国华北平原水资源短缺问题依然严峻，地下水资源不合理开采利用以及水污染、水浪费问题依然突出。因此，未来我国华北地区一方面要充分利用南水北调工程输水，加快区域水生态系统修复与完善；另一方面也要采取有力措施，严厉打击破坏水污染和水浪费现象，保护来之不易的水资源。

## 第二节　优化水资源配置

优化资源配置主要包括两个方面的内容，一是解决我国水资源分布不平衡、利用效率低的问题。当前我国政府已经采取了有效措施，实现了水资源的优化配置。以南水北调工程为例，作为一项重大的战略性工程，有效缓解了我国北方地区缺水严重的现象，不但实现了水资源的优化配置，还对区域经济的良性发展产生了十分深远的影响。二是要合理分配地表水和地下水、一次性水资源和可再生水资源。政府要加强对分配后水资源的管理，通过市场的调节作用提高水资源利用率，避免水资源浪费。

### 一、水资源及水资源配置

新发展理念下，水资源管理工作要综合考虑水资源、经济及生态环境的综合效益，合理分水、用水。系统治水有必要从源头出发，对水资源概况进行分析，从宏观层面把握水资源供需形势，从而对水资源进行合理配置。

### （一）水资源供需形势

我国地势西高东低，水以自西向东流为主，水资源呈南多北少趋势分布。北方地区水资源主要来源于降水，但年降水补给量偏少，导致北方尤其是京津冀地区人均用水量低于全国水平。此外，干旱缺水、河道断流、地下水位下降等水资源供需失衡问题也严重影响了区域经济社会发展和生态安全。随着人口数量的增加，人均粮食消费量的不断增长，全国重要粮食生产基地逐渐北移，导致农业灌溉用水需求加大，而我国农业用水的利用率仅为40%～50%，绝大部分农田仍然采用传统方式灌溉，造成水资源的浪费。

其次，工矿企业和城镇急速扩大，淡水量的消耗也在快速增加。工业用水重复利用率却较低，仅为20%～40%。国家从发展战略角度，严控高耗水行业新增产能。截至2021年3月，京津冀钢铁、石化、纺织、食品发酵等高耗水行业仍有企业6 400家。高耗能伴随着高污染，我国已经成为世界污水处理量最大的国家之一。城市和农村地下水资源也受到不同程度的污染，不仅威胁了人们的身体健康，也破坏了水资源的可持续发展。

最后，水资源因其承载的农业、工业及人口量等因素，其与生产力水平等社会经济因素紧密联系。因此，水资源承载能力统计数据的准确性就非常重要。然而，现阶段水资源承载能力统计数据准确性不足，缺乏有效的指标体系，数据口径和精度也不足以支撑分析过程。缺乏指导性数据和分析方法导致超过水资源承载能力及生态环境约束的不合理用水现象频发。例如，地下水超采、超出定额标准的高耗水、不符合水质要求的供水等问题挤占了基本生态水量的供水，破坏了水资源的供需平衡。

### （二）水资源配置

1.基本含义

水资源配置是以人水和谐相处为基本原则，在特定的区域内由水行政主管部门，对各种可利用的水源采取有效的非工程措施和工程措施，从各用水部门之间及时间、空间上实现科学的调配。通过有效增加供水和合理抑制需求等多种途径，促进环境、经济、社会的长期供需平衡及协调发展。

2.主要任务

针对用水竞争和水资源短缺提出的水资源配置策略,因其经济、社会、环境和资源属性决定了水资源配置内容的复杂性,所涉及的范围也非常广泛。总体而言,水资源配置主要包括以下任务:

水环境质量,通过对水环境质量、污染原因及其程度评价分析,制定科学合理的治理标准和保护措施。

水资源需求与社会经济发展,通过分析用水效率、用水结构等预测水资源在未来的需求程度。

开发利用模式,结合实际情况分析可利用水量、供水结构并制定合理的水资源利用方式。

供需平衡分析,通过分析不同开发模式和经济条件下的供需平衡状况,从而确定缺水程度、余缺水量、可供水量和供水水源。

水资源管理,以水资源配置为基础积极探索适用性较强的管理体系,加快形成水资源管理机制。

3.配置目标

水资源优化配置的目标应追求整体效益最好而非某一方面的最好,其目的是支撑全流域环境、经济、社会的可持续发展和全面协调。水资源优化配置属于一个多目标相互竞争、互相制约、彼此关联的决策问题,这就要求采取有效的措施实现各个目标间的合理分配,从而实现水资源的环境效益、经济效益、社会效益的最大化。

4.水资源配置格局

我国区域间水资源开发利用程度差别较大,南北水利发展不平衡。部分区域水利工程建设严重滞后,影响和制约了经济社会发展的需要,尚未形成防洪抗旱减灾的水资源配置体系,重开源轻节流,导致水资源短缺、污染等问题,造成水环境日趋恶化。西北地区通过现有主要河流水系间的水量调配工程调配区域水资源,形成地表水、地下水与其他水源的统一调配。南方水资源的调配是通过在河流上游加强水源涵养和控制性工程建设,解决工程性缺水和局部干旱地区资源型缺水问题。基于新形势下新发展阶段出现的新问题,对水资源的合理调配和水治理指标也提出了更高要求。在确保水资源良性循环的前提下,采用合理调控水资源配置手段,寻求水资源对社会经济的最大支撑能力,这也是目前可持续发展理论的具体实践。长距离调水工程就是可以实现水资源的合理配置及流域的长远利益目标的重要举措。

## 二、优化水资源配置的必要性

随着经济社会的快速发展,水资源供需矛盾显得越来越突出,水资源利用环境已经不能满足人们生活和工作的需求。

### (一)实现水资源优化配置的必要性

实现水资源优化配置是弥补我国水资源先天不足、缺水严重的必然选择,包括合理安排区域水资源的开发利用节约保护和适时适度的实施外流域补水。实现水资源优化配置是改善我国水生态环境严重恶化状况的现实要求,包括研究制定生活生产与环境之间水关系的法规制约及通过行政手段和技术手段促进污水资源化的措施。实现水资源优化配置是我国经济社会可持续发展的基础条件,外流域补水是必要条件,合理开发利用和节约保护本区水资源是前提条件,两者相辅相成,才能相得益彰。

### (二)水资源配置不当的危害

水成为制约区域经济、社会和环境可持续发展的瓶颈,已是不争的事实,而水资源的不合理配置使区域整体处于巨大的环境风险之中,由此可能引发的社会危机亦不容低估。水资源配置过程中存在拦截破坏自然水循环的现象,上下游间,地表水资源绝大部分被上游水库拦截,导致中下游河道大面积断流,河床干化,河道生态环境和生物多样性遭到严重破坏,致使调节气候、调蓄洪水、净化水体、提供野生动植物栖息地和作为生物基因库的功能大大降低。地下水超采又使得地表有效径流难以形成,没有有效的地表径流,河道的自循环能力就会遭到严重破坏。工业废水,特别是生活污水,大部分未得到适当的处理就排入地势低洼的河槽之中,致使中下游污染极为严重,农村生态、农产品质量和农民身心健康遭到破坏。

## 三、水资源管理制度的作用

以预测分析供需水量、开发利用水资源、节约与保护用水为基础制定水资源配置方案，遵循统筹规划、因地制宜的原则，明确总体布局，水资源配置与“三条红线”密切相关，而水资源管理制度是有效实施水资源配置方案的保障，图 3-1 反映了两者之间的关系。

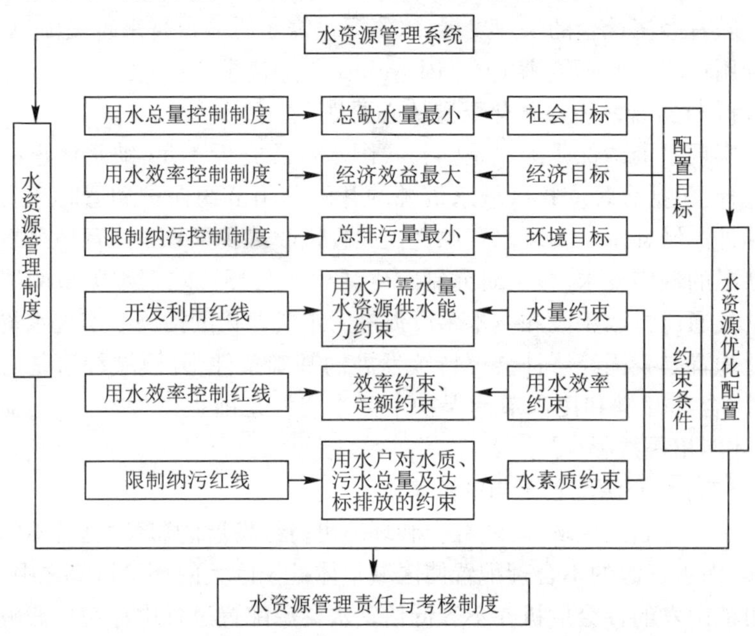


图 3-1 水资源配置方案与最严格水资源管理间的关系

### (一)三条红线

1.用水总量约束

2011 年中央一号文件提出了全国用水总量控制红线。通过对水资源可开采量的全面分析，供给各用水户的总水量要严格遵守不同水源不应超过其可供水量的原则。为解决过度开发的问题提出开发利用红线，对经济系统取耗水边界条件进行界定，并量化了具体的指标。

2.用水效率约束

2011年中央一号文件提出用水效率控制红线，明确要降低工业生产用水量，并以此设定用户最低和最高用水定额，大大提升灌溉水有效利用系数。供需水预测分析过程中，各行业的利用效率和用水定额是用水效率控制两大指标，如灌溉需水量等于亩均灌溉用水定额、有效灌溉系数、灌溉面积三者的乘积。为解决用水浪费、低效的问题提出了用水效率控制红线，并对水资源利用的内部边界做出明确的界定，这是涵盖各种用水效率、用水定额的综合性指标。用水效率约束有利于改善水质，既能间接考虑水质，又能对用水量直接控制。

3.水质约束

以限制纳污红线为基础，明确污染物排放量及其排放浓度不能超过其允许的总排放量、最高浓度，并符合对水质要求的约束条件。针对水源地水质限制纳污红线明确提出必须全面达标，确保江河湖泊等水质的明显改善。针对水体污染和超量排放问题提出的水功能区限制纳污红线，将排入水体内的污染物和特定的水功能区目标相结合，对其外部边界进行了界定。

**（二）三项制度**

传统的水资源配置大多没有考虑经济、环境与资源间的相互耦合关系，并以单目标配置为主，而最严格水资源管理制度全面考虑了水质、用水效率和水量，即融入了环境、经济与水资源。“三项制度”是设定水资源配置目标的基本条件，也是奠定水资源规划的依据，具体如下。

1.社会效益目标设定依据为用水总量控制制度

为更加合理地分配水量，从水量方面考虑对用水总量控制，这也是宏观控制和管理水资源的重要指标。实际上，用水总量控制就是核算河流开发利用率，从而实现对河道外总的用水和取水规模的控制。这是由于区域缺水程度或总缺水量大小会对社会发展和稳定造成直接影响，从侧面反映其社会效益，故社会效益目标的设定以总量控制制度为基本依据。

2.经济效益目标设定依据为用水效率控制制度

用水效率控制制度的目的是加快制定各行业的控制指标体系，减少水资源浪费以及提升水资源用水效率，确保用水定额管理的贯彻落实。

3.环境效益目标设定依据为限制纳污控制制度

将水资源配置的环境目标设为污水排放量最小、严格排污总量控制和加强水源保护。所以，水资源配置环境效益目标的设定以水功能区限制纳污控制制度为指导依据。

**（三）水资源管理责任与考核制度**

水资源管理行为、加强执法和立法监督是水资源管理责任与考核制度的主要功能，通过定期调查评价和科学考察水资源，实现水质水量的及时监测。另外，水资源管理责任与考核制度是顺利开展整个配置工作的根本保障，也是水资源配置的重要依据。

## 四、水资源配置优化手段

高质量发展模式要求立足我国水资源状况，结合水资源管理工作实际，形成水资源刚性约束。在水资源开发上，树立正确的水资源保护意识和认知理念，增强区域调控保障能力，科学论证水源连通建设，提高水资源利用效率，持续改善生态环境，注重生产生活方式的绿色转型，并利用计算机模型结合气候变化影响进行多水源优化配置。水资源配置和利用涉及社会安全、经济安全、生态安全，必须把水资源作为刚性约束，结合经济社会发展规划，分别预测需水量和可利用量，构建需水量预测模型，划定水资源配置开发的上限，守住生态保护的红线，明确经济社会发展的可用水量。用水资源刚性约束制度将经济活动严格限定在水资源的承载能力范围内，确保水资源高质量高效率、可持续利用，还要通过科学决策对不同流域区域的需水影响及重大水利工程叠加影响，提高国家水网工程科学决策和水资源集约、节约利用水平，系统治水。

**（一）实现水资源优化配置的基本原则**

实现水资源优化配置重点要处理好资源开发、经济增长、环境保护和社会发展的关系，目标是要实现以水资源的可持续利用，支撑地区经济社会的可持续发展。实现水资源优化配置应坚持以下五个基本原则：坚持先节水后调水的原则；坚持先本区域后外流域的原则；坚持近期与远期相结合的原则;坚持水资源开发与保护并重的原则;坚持把流域水环境生态修复作为水资源优化配置核心内容的原则。

### (二)实现水资源优化配置的对策

1.在水资源优化配置中应避免出现工程思维的泛滥

水资源的跨地区调配,除经济性外,还有隐形的自然生态和人文方面的因素需要考虑。通过大的水利工程在较大区域内进行水资源的治理和配置,是必须小心使用和对待的,对一个城市而言,首先应该考虑的是如何通过节水、治污、循环利用等措施破解当地的水资源困境,而不是习惯于用大规模的跨地区调水这样的方式来化解危机,这只能使危机暂时缓解,甚至会迎来更大的危机。应该反思在破解水资源困境中的工程思维,现在我们看到太多的大型水利工程,背后都体现了通过工程思维方式治水的弊病。在解决水资源问题中,市场机制和商业逻辑的使用不是没有前提条件的,应在不破坏自然流域的前提下进行,也只有这样,市场调节机制才具有真正的科学性。

2.落实水资源优化配置管理制度

加快节水防污型社会建设、加快水系连通工程建设、加强水资源保护和水生态修复等,明确水资源开发利用控制、用水效率控制、水功能区限制目标,为实现水资源优化配置打下坚实的基础。要强化水资源统一调度、加强水资源开发利用管理、加快节水防污型社会建设。严格规划管理、建设项目水资源论证和取水许可审批,实行地下水取用水总量和水位双控制度,尽快核定并公布地下水禁采和限采范围。加快推进节水技术改造,把非常规水源开发利用纳入水资源统一配置。要加快江河湖库水系连通工程建设、加强水资源保护和水生态修复。加快重点水源工程建设,因地制宜建设城市应急备用水源。深入开展重要饮用水水源地安全保障达标建设,切实加强重要生态保护区、水源涵养区、江河源头区和湿地的保护。此外,要大力推进水资源管理法治化进程,强化水资源监控能力和科技支撑,不断创新水资源管理体制和机制。会同有关部门尽快制定出台最严格水资源管理制度考核办法。

3.要加强水资源保护

随着气候的变化,水资源短缺问题比较突出,同时水资源浪费非常严重,综合利用率较低,而且随着经济社会的快速发展,水质污染问题日益凸显,水资源利用和保护任务显得非常艰巨,如果这类问题解决不好,将会对保障和改善民生造成极大威胁。因此,必须立足当地实际,采取措施强化对水资源的保护,避免污染现象的发生。

4.将科技应用于水资源优化配置过程中

回顾从传统水资源配置向现代水资源优化配置发展的过程中,科学技术在水资源开发、利用、节约、保护、配置中发挥着重要作用。科学技术已经成为新时期解决水资源难题的关键。将科学技术应用于水资源优化配置中,可以使生活用水更干净。通过应用生态清洁小流域水源保护技术、供水厂膜过滤和活性炭过滤技术、水质监测技术,确保水质达标;应用膜生物反应技术、超滤和微滤等技术进一步提升污水处理厂的出水品质,让污水变为高品质用水,确保水环境清洁美丽。还可以使生产用水更高效,农业加大喷灌、管灌、微灌及管理绿水等综合节水技术应用;工业加大循环利用的技术改造,在用水总量不增加的情况下,通过科技提高工业用水效率。也可以使管水更便捷,从降水到用水再到排水,是一个复杂漫长的过程,只有科技可以使其变得便捷,通过应用自动化监测、信息网络等技术,对降水过程跟踪监测,随时准确掌握雨情、水情;通过应用自动化监测、自动化控制、数据采集与监视控制系统等技术,对水库调水、渠道输水、管网供水进行全过程监测控制,极大提高水资源管理水平和效率。

## 第三节　水资源的循环利用

长期以来,我国对水资源的利用采用了粗放式的模式,造成了水资源的大量浪费。以牺牲资源为目的的经济发展模式虽然能够在短时期内取得可观的经济效益,但从长远发展来看无疑是慢性自杀,违背了我国可持续发展战略的要求。在未来的发展中,我国将会在全社会提倡水资源的循环利用,并加快相关技术的研发,通过对废水进行二次处理、重复利用达到提高水资源利用效率的目的,从而逐步打破水资源匮乏的发展态势,为我国经济社会的健康发展解决后顾之忧。

## 一、污水再生回用工艺流程

污水，即废污水，包括生活污水和工业废水两大类。前者指人们生活过程中排放的废水，主要包括粪便水、淋浴水、洗涤水等，后者指工业生产中排放的废水。

生活污水是浑浊、深色、具有恶臭味的液体，呈微碱性，一般不含毒物，但往往含有大量的寄生虫卵，所含固体物质占总量的0.1%～0.2%，具有较高的肥效。

工业废水的成分比较复杂，大都具有较高的危害性，且各种工业废水的水质和水量相差悬殊。

一般而论，城市生活污水的水质比较均一，已形成了一套行之有效的典型处理流程。根据处理的任务和要求，可归纳为以下三级处理。

### （一）一级处理

一级处理亦称机械处理。主要处理对象是较大的悬浮物，采用格栅、沉沙池和沉淀池进行分离，截留在沉淀池的污泥可进行污泥消化或其他处理，出水可排入水体或用污水灌溉。

### （二）二级处理

二级处理亦称生物化学处理或生物处理。对出水水质要求高的地方，在一级处理基础上，再进行生物化学处理，即二级处理。二级处理的对象是污水中的胶体和溶解性有机物。采用的典型设备有生物曝气池和二次沉淀池，污泥的处理方法与废水的处置方法同步。

### （三）三级处理

三级处理亦称高级处理。对出水水质要求高时，在二级处理后还要进行三级处理，其处理对象主要是营养物质（氮和磷）及其他溶解物质。采用的方法有化学絮凝、过滤等。当三级处理的目的是直接回用时，其处理对象还包括去除废水中的细小悬浮物、难以降解的有机物、微生物和盐分等。工业废水的水质与生活污水不同，水质千差万别，处理要求也不一致，很难形成一种像城市生活污水那样典型的处理流程。一般来说，工业废水处理程序是：澄清回收，毒物处理，再用和排放。工业废水处理系统往往形成循环或接续用水系统。在直接排水系统中，水质控制的要求依排放标准而定。

## 二、污水再生后的用途

污水经处理后，可按不同目的有计划而慎重地利用，再生后的水用途很广，大致可用作城市饮用水、非饮用水、养鱼用水、娱乐用水、农业用水、工业用水等，见图3-2。

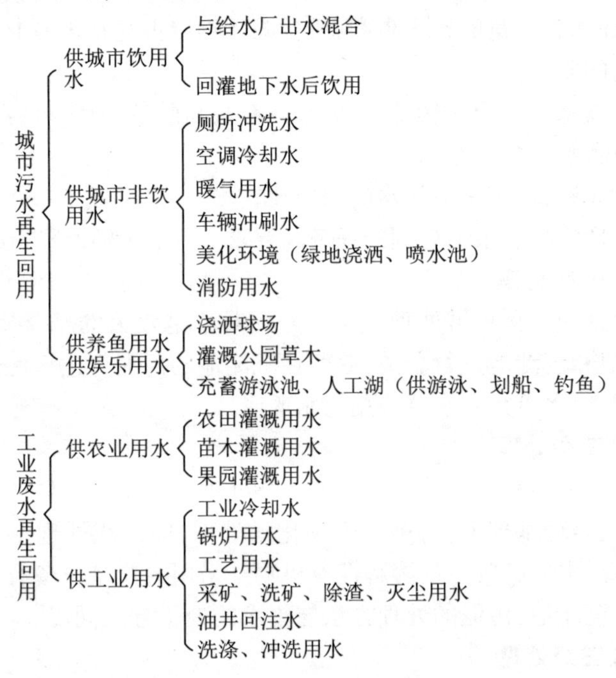


图3-2　污水再生回用途示意图

工业废水的再生回用，其水质必须不含有毒、有害物质，工业废水虽经处理，但其水质往往不能满足更高要求，一般仅供工业用水和农业用水。

## 三、污水再生回用处理技术

### （一）化学混凝技术

混凝处理技术已经在污水处理中得到广泛的应用，通过混凝处理可以降低色度、浊度、化学需氧量（COD），也可以去除一部分重金属和导致水体富营养化的氮、磷等营养元素。在城市污水再生回用处理中,混凝技术也得到了应用。祝社民等开发了一种新型混凝剂,采用组合工艺(混凝-离子交换-活性炭吸附-消毒)处理某城市污水处理厂的生活污水,研究结果表明,混凝工艺处理后的污水 COD 可以去除 70%左右,磷的去除率可以达到一级 A 出水标准。龙向宇研究了用改进后的石灰混凝法处理城市污水处理厂的二级出水,试验结果表明,该工艺对污水中的 COD 去除率高达 30%,采用干投法比湿投法对有机物的去除效率要好;当将沉淀工艺的活性泥渣进行回流时,碳酸盐碱度的去除效率高达 70%。

**(二)物化法**

城市污水再生回用技术的物化法以过滤、活性炭吸附、膜分离技术为主。过滤技术在城市饮用水处理中已经日臻成熟,近几年也被广泛用于城市污水的深度处理。刘剑采用传统无烟煤、石英砂双层滤料滤池处理城市污水厂二级出水,试验结果表明,双层滤料滤池对浊度、COD、总磷(TP)的平均去除率分别为 80%、85%、30%,出水中的浊度、COD、TP 平均为 1 NTU、33.5 mg/L、0.97 mg/L。活性炭是一种具有巨大比表面积的吸附剂,能够去除水中的浊度、色度、有机污染物等。杨义采用吸附试验处理淮南市第一污水处理厂出水并用于中水回用,试验结果表明,在 25 ℃,活性炭吸附金属锌离子的最佳 pH 为 6.5,吸附剂最佳投量为 0.15 g/L,同时对水中的色度、浊度、COD 也有较高的去除率。

膜分离技术广泛应用于城市污水的深度处理,已经成为一种新兴的污水处理工艺。戴艺等用超滤-反渗透工艺处理宁波岩东污水处理厂二沉池出水,试验期间反渗透系统运行状况良好,出水质稳定。连续运行结果表明,原水的浊度在 2~5 NTU,出水浊度在 0~0.3 NTU,浊度的去除率高达 95%;超滤与反渗透系统的出水总回收量在 75%以上,反渗透系统所投加的阻垢剂维持在 2 mg/L 左右;反渗透系统的脱盐率在 97%以上。膜生物反应器是结合了污水的生物处理技术与膜法高效截留能力的一种新型污水处理技术,在城市污水再生回用中被广泛应用。杨春等设计了一个处理规模为 36 $m^3/d$ 的缺氧-厌氧膜生物反应器,并对北京某污水处理厂污水回用进行了连续试验研究。连续试验运行结果表明,A/O+MBR 工艺不受进水水质的影响,出水水质稳定,均能达到相应回用水标准,对 COD 的去除率可达 95%,对氨氮的去除率可达 98%,系统较长的污泥停留时间与微生物量保证了系统的稳定运行。

**(三)生物处理技术**

生物处理技术主要是利用生物处理单元中微生物的新陈代谢活动去除污水中有机污染物的一种方法,生物处理技术具有处理效率高、出水水质稳定等特点。根据微生物的生长状态,生物处理技术可以分为活性污泥法与生物膜法。

## 四、饮用水处理工艺的发展历程

随着社会经济的发展,近年来供水行业技术有了新的发展,供水水质有所提高,缩短了与国际先进水平的差距,但是城市供水行业仍然面临着十分严峻的问题和前所未有的技术挑战。水资源短缺,饮用水水源大多受到污染,并且还有进一步恶化的趋势;供水设施建设不平衡、不协调,供水水质安全缺乏保障。因此,供水行业迫切需要尽早对传统工艺进行技术升级改造。以下将对城市饮用水的工艺发展历程及技术升级改造过程加以概述。

**(一)第一代城市饮用水净化工艺**

20 世纪以前,城市饮用水安全得不到保障,致使烈性传染病流行,给城市居民的生命健康构成了重大威胁,这使人类面临着一个重大的生存问题,即生物安全性问题。为了解决这个问题,20 世纪初,研发出了混凝、沉淀、过滤、氯消毒工艺,人们把此工艺称为常规水处理工艺,这一工艺使传染病流行得到控制,可称为第一代工艺。

20 世纪 50 年代又发现了水介病毒性疾病的流行问题。为了控制流行病的传播,人们发现这些病毒在水中不是单独存在的,而是吸附在颗粒物质表面,如果能够把水中颗粒物和浑浊度大大降低,就可以显著减少水中病毒的浓度,再经过第一代工艺处理后则能够有效地控制病毒。浊度原来是作为生活饮用水感性指标考虑的,现在具有了生物安全性的作用,所以被世界各国高度关注,例如美国将浊度列为微生物学指标。对浊度的要求,大大地推动了第一代工艺的发展。

**(二)第二代城市饮用水净化工艺**

20 世纪 70 年代又发现了一些有毒物,这些物质能够致癌,长期饮用对人体有害。人类又一次面临饮水安全问题,这次遇到的是化学安全性问题。为了解决这个问题,人们在第一代工艺基础上增加了臭氧颗粒活性炭的工艺,称作第二代工艺。国外把它作为通用的工艺来推广,国内也在推广此类的工艺。

第二代工艺用颗粒活性炭把水中有毒害的有机物、产生消毒副产物的有机物有效地去除了,但是在运用颗粒活性炭过程中繁殖了大量微生物,微生物能够随水流出,而且具有较强的抗药性,使得水的生物安全性又有所降低,所以第二代工艺还不是很理想。之后又出现了一系列新的水的安全性问题,例如水中有毒有害有机物在日益增多。每年由于化学科学发展又合成成千上万种新的有机物,它们有一部分进入水体,对水体造成污染。现在发现的消毒副产物有几百种,绝大部分对人体有害。人们用的一些氧化剂,比如臭氧、二氧化氯等也会生成一些有毒害的氧化物,此外还有有机物和复合型的污染物。过去我们只了解单独的毒性,对复合毒性了解得很有限,另外还出现了一些重大的生物安全性问题,这些都是我们所面临的新的化学安全性问题。例如,以“两虫”为代表的生物安全性问题。所谓“两虫”,就是能够致病的原生动物,即贾第鞭毛虫和隐孢子虫,这一问题在 20 世纪后半叶就陆续出现,“两虫”的致病性非常强,且具有较强的抗氯性,一旦进入饮用水中,水体就受到污染,人们就患上两虫病。

由于水环境污染,蓝藻水华和藻毒素以及其他有害生物也频繁出现,比如太湖藻类暴发产生的臭味问题,我国多个城市都曾经遇到过这个问题。还有一个水的生物稳定性问题,出厂水虽然控制住了致病的细菌或者病毒,但是水中仍然存在相当数量的没有被完全消灭的微生物,这些微生物本身就存在一些还没有被我们认识的新的致病因子,如果这些微生物在输水和储存过程中不断增殖,水中微生物增多,水生物安全性就会相应降低。

### (三)第三代城市饮用水净化工艺

绿色工艺是要求对水的天然属性没有影响或将影响削减到最小,是第三代饮用水净化工艺发展和变革的重要方向。第一代和第二代饮用水净化工艺中因需向水中投加多种化学药剂,会影响水的固有化学成分、含量及其存在形态,一般认为是非绿色工艺;而物理方法、物理化学方法、生物方法等对水的天然属性影响很小甚至没有影响,一般认为是绿色工艺。膜技术主要通过物理和物理化学作用去除水中污染物,净水过程中不需投加药剂,可最大程度地降低对水的天然属性的影响,并通过不同工艺的耦合与集成,可实现对不同污染物的强化去除,保障供水安全,是典型的绿色净水技术。

1.以纳米级超滤为核心技术的组合工艺

从目前技术来看,膜技术能够非常有效地提高水的生物安全性,例如超滤膜,孔径只有几纳米,原则上说可将水中一切微生物截留下来,使得水的安全性提高。但超滤这样的技术,基本上还是物理截留技术,对溶解性或者小分子的物质去除效果比较差,所以我们说它单独用于去除微生物可能是非常有效的,但对于其他一些有毒害的溶解性物质去除率比较差。新一代工艺应该是以纳米级超滤为核心技术的组合工艺,见图 3-3。

图 3-3　以纳米级超滤为核心技术的组合工艺

以纳米级超滤为核心技术的组合工艺不仅对颗粒物和细菌有很好的去除效果,对有机物以及其他有毒害的物质也能够起到很好的控制作用。以纳米级超滤为核心技术的组合工艺大体内容是:混凝去除颗粒物、微生物及大分子有机物,使颗粒物、微生物、大分子有机物及部分溶解性物质变成可超滤去除的颗粒物;吸附去除中等分子的有机物,并且生物氧化和吸附去除小分子有机物以提高混凝、吸附、生物处理的去除效率,使水保持生物稳定性和化学稳定性以及生物安全性与化学安全性都得到提高以至达到新国标要求。

2.纳米级超滤为核心技术的组合工艺是第三代饮用水净化工艺的时代特征

随着化学工业的发展和检测技术的进步,在饮用水中发现了越来越多的有毒害物质,特别是微量及超微量的有机污染物,成为水质净化的难点。水中对人体有毒害的物质,一般包括有机物和无机物,其中有毒害的有机物主要有消毒副产物、农药、持久性有机物、内分泌干扰物、化妆品、抗生素、藻毒素等;有毒害的无机物主要包括氟、砷、氰化物、铁、锰、重金属(汞、铅、铬、镉、铊等)、放射性元素等。上述有毒害物质,使用现有的各种方法/技术大多都能得到一定程度的去除,但其中的化学方法(如混凝、氧化、还原等)不是绿色工艺。

纳米级超滤为核心技术的组合工艺是去除水中有机污染物和无机污染物的有效技术。它能去除水中大分子有机物和以固体形态存在的污染物;而且通过耦合吸附、生物处理等措施,可将溶解态的污染物和小分子有机物转化去除。该组合工艺的纳滤膜的截留分子量为200~2 000 Da,而水中大部分微量有机污染物的分子量都是200~300 Da,所以它是去除水中微量有机污染物的有效技术。

纳米级超滤为核心技术的组合工艺用于饮用水净化处理(见图3-4),针对各地不同的水源水质、污染物特性以及用水水质需求,提升和改造饮用水净化工艺的科学技术水平,这样形成的第三代净水工艺是具有时代特征的。目前,研发出了多种应用形式的饮用水净化第三代工艺。一方面,它可取代第一代或第二代工艺;另一方面,也可与第一代或第二代工艺相结合,以求获得更好的技术经济效益。

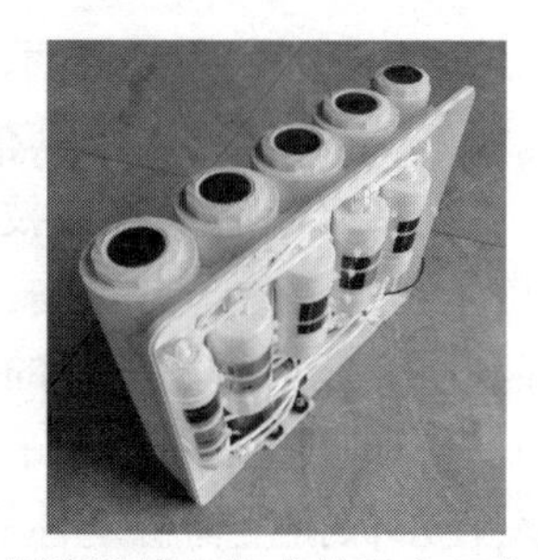

**图 3-4 饮用水净化处理——以纳米级超滤为核心技术的组合工艺**

3.纳米级超滤为核心技术的组合工艺是饮用水净化绿色工艺的基础

消毒,特别是药剂消毒,是当前饮用水净化工艺中应用最多的工艺环节。致密型超滤膜和纳滤膜能将水中的致病微生物(包括病毒在内)几乎全部去除,而无须向水中投加任何药剂,所以有望取代药剂消毒工艺。混凝是绝大部分以地表水为水源的水厂采用的工艺,超滤出水的浊度可低至 0.1 NTU 以下,显著优于常规的混凝-沉淀-砂滤工艺,且无须向水中投加任何药剂,所以也可取代第一代工艺。水中大量存在的微量有机污染物,是以臭氧-活性炭为代表的第二代工艺的处理难点所在;而纳滤可去除大部分微量有机污染物,且无须向水中投加任何药剂,所以也可取代第二代工艺。纳滤和反渗透能去除水中的微量重金属、毒质以及过量的无机离子,而无须向水中投加任何药剂,可取代各种相应的净化处理工艺。

纳米级超滤为核心技术的组合工艺作为一种物理过程,是绿色工艺(见图 3-5)。以纳米级超滤为特征的第三代工艺,在多种水质条件下都可以实现绿色净化处理过程。目前,笔者团队研发考察了几种可用于实际生产的绿色工艺,包括原水直接超滤、粉末活性炭/超滤膜生物反应器去除高浓度氨氮并实现低温条件下(≤2 ℃)水中氨氮和有机物的有效去除、颗粒活性炭-超滤和生物滤池-超滤处理有机物、颗粒活性炭-超滤、生物滤池-超滤和生物滤池-超滤处理有机物和氨氮污染的原水、生物滤饼层/重力流超滤耦合工艺(GDM)、超滤-纳滤处理高硬度水及新型微污染物、超滤-反渗透海水淡化等。

**图 3-5　绿色工艺——以纳米级超滤为核心技术的组合工艺**

饮用水净化是一个从源头到龙头的系统工程。随着化学工业的发展及检测技术的进步，现今许多水厂的水源受到污染，水中越来越多的污染物被检出，每检出一类新的污染物，就要采用各种方法予以去除，包括药剂法，从而导致向水中投加的药剂越来越多，药剂量越来越大，对水的化学安全性的影响也越来越不容忽视，这是采用“末端治理”的必然结果。绿色工艺就是要推动净化处理关口前移，实现由“末端治理”向“源头治理”的转变，加强对水源的环境保护，减少对水源的污染，从源头上削减污染物的种类和数量。尽管采用绿色净水工艺，基本上可将水中污染物去除而获得安全优质的饮用水，但如果水源受到污染越少，水质越好，水处理工艺就会更简单，成本就会更低，运维和管理也会更简单，更易于推广和应用。上述讨论的绿色工艺，主要指水的净化处理过程。要使居民真正饮用到健康的饮用水，还需要确保出厂水在输配过程中不受污染。现今国外（如荷兰）已有无消毒剂的输配水系统，实现了输配水系统中水的绿色自然属性的保持；而我国输配水管道情况复杂，要实现无消毒剂输配任重而道远，但这是未来输配水系统发展的重要方向。

# 第四节　水资源的生态防治

## 一、生态环境建设内涵

作为我国社会主义市场经济建设中的重要组成部分,生态环境建设直接影响着可持续发展理念的落实状况,同时生态环境建设所涉及的内容和形式相对比较复杂,需要结合经济建设的现实条件,充分地实现建设资源的合理配置。从目前来看,在对建设生态环境进行分析和研究的过程中,大部分人所提出的观念存在一定的冲突,但是在生产实践建设的过程中,实际的工作质量和工作内容有了一定的变化。

一般来说,生态环境建设非常关注生态环境的有效改善,结合生态系统建设的相关规律,严格按照前期的建设目标积极地突破各类限制,实现工业建设、农业建设、文化建设和科技建设之间的紧密互动,以此来为人类社会的健康和稳定发展指明道路和方向。

## 二、生态环境建设中的植被建设

随着市场经济的不断发展,我国的综合实力有了极大提升,但是过快的经济增长却是以环境破坏为代价的,在经济发展的过程中出现了许多不合理的行为,严重破坏了现有的生态环境,乱砍滥伐及工程破坏严重影响到可持续发展,植被破坏等现象尤为严峻,植被破坏与我国的经济建设和植被状况存在较为密切的联系。为了能够有效地突破这一不足,首先需要注重植被的有效恢复,主动地按照良性循环和协调生态环境运作的实际要求,从灌木丛荒漠植被入手,了解生态环境建设的实质条件,充分地发挥其主导地位和作用。另外,对于森林植被建设来说,还需要以天然林的保护为切入点,注重人工林的有效营造和建设,推动我国植被的可持续建设。

## 三、水土保持综合治理与水资源保护利用

对于生态环境建设与水资源的利用与保护来说,在我国经济建设

的过程中,相关的管理工作人员必须注重两者之间的紧密互动和结合,其中水土保持综合治理会直接影响水资源的有效利用情况,必须要防止泥沙堵塞河道,尽量地将洪涝的成灾率控制在最低的水平。水土保持不仅能够避免地表水和土壤的流失,还能够促进蓄水量的有效扩大,将河道泥沙量控制在最低的水平,实现河道堵塞风险的有效规避。如果地表能够有植被的保护,那么在降水量比较丰沛的时候,土壤就能够直接进行蓄水,将地表径流量控制在合理的水平,规避各类自然环境对人的生产实践的负面影响。另外,在降水量比较少时,良好的水土保持还能够补充地表径流量,保证枯水时期还能够实现正常的水流,积极地为植被提供有效的水资源,缓解水资源枯竭所带来的负面影响。

积极地利用不同的水利工程,将水利工程的使用周期延长。这一方面能够促进我国水资源的合理配置,另一方面能够真正实现地区经济的有效发展。在开展不同的水土保持工作实践的过程中,我国需要加强基础设施的有效完善和建立,基础工程设施能够对泥沙进行有效的拦截,将水流一级含水量控制在最低的水平,尽量地避免泥沙过度地涌入水库和湖泊之中,这种管理和运作模式能够有效地降低淤积的发生概率,如果能够控制泥沙的阻挡,那么水库也能够发挥应有的作用。在水土保持的前提之上,各种基础设施能够对大量的泥沙进行有效拦截,从整体上促进水库蓄水量的提升,保障水库发挥一定的防护作用和价值,实现整个工程使用寿命周期的延长。

在落实相关管理实践工作的过程中,上级主管部门还需要注重河流泄洪能力的有效提升,其中土壤的流失不仅极大地增加了土壤之中的含沙量,还导致许多的泥沙直接进入河道之中,使得整个河床水位不断上升,蓄水防洪能力持续下降,严重影响周围民众的生命安全。对此,水土保持工作实践的过程中,管理工作人员需要采取有效的措施防止各种水土流失现象,促进蓄水防洪能力的提升,真正地实现水利工程的高效建设。

加大污水处理力度。针对已经受到污染的水源必须第一时间选择科学的处理方案,做好水环境治理工作,同时要结合污染实际情况提出预防措施,防止其再次恶化。生活污水与工业污水的治理必须明确区分,要对净化设备予以检验,保证运营过程中可以满足净化标准,同时建立健全水资源循环利用体系,适当增加对净水设备的投入。另外,应当做好污水处理流程管理,污水处理系统的设计与安装必须由专业人员进行,定期做好处理设备的检验工作,如果出现设备磨损老化的问题,需要第一时间更新维修。环保部门也应当进行不定期抽查,只有保证水污染的有效治理,才能够确保水资源得以有效保护。

此外,管理部门还需要以提高区域水环境和水体质量为依据和前提,加强对水土流失的治理和调节,尽量避免各种有害物质直接进入水体之中,有效地防止水环境的污染和破坏,在提高水环境质量的同时实现水资源的合理利用。需要注意的是,水环境保护工作所涉及的内容和形式相对比较复杂,管理工作人员需要采取有效的策略和手段,既能恢复现有的生态环境,又能提高土壤的蓄水能力,改善现有的河流水体质量,为我国的经济建设营造良好的外部空间和环境。

## 四、海水淡化技术方法

海水淡化又称海水脱盐,是从海水中获取淡水的技术和过程。从海水中取出淡水或者除去海水中的盐分,都可以达到淡化的目的。根据脱盐过程分类,海水淡化方法主要有热法、膜法和化学方法等。热法海水淡化技术主要有多级闪蒸(MSF)、多效蒸馏(MED)、压汽蒸馏(VC)和冷冻法。膜法海水淡化技术包含了反渗透(RO)和电渗析(ED)。化学方法则由水合物法和离子交换法构成。在众多海水淡化方法中,水合物法所产淡水水质较差,离子交换法制水成本较高,因此化学方法应用受到限制。而冷冻法海水淡化由于冰晶的洗涤和分离较困难,造成装置复杂,运行可靠性不高,因而一直难以被大规模应用。目前,投入商业运行的海水淡化方法主要有多级闪蒸(MSF)、多效蒸馏(MED)、压汽蒸馏(VC)、反渗透(RO)和电渗析(ED),世界上采用较多的海水淡化技术方法是多级闪蒸(MSF)、低温多效蒸馏(LT-MED)和反渗透(RO)。

### (一)多级闪蒸(MSF)

#### 1.多级闪蒸的原理

所谓闪蒸,是指一定温度的海水在压力突然降低的条件下,部分海水急骤蒸发的现象。多级闪蒸过程的原理是：将原料海水加热到一定温度后引入闪蒸室，由于该闪蒸室的压力控制在低于热盐水温度所对应的饱和蒸汽压的条件下，故热盐水进入闪蒸室后即成为过热水而急速地部分气化，从而使热盐水自身的温度降低，所产生的蒸汽冷凝后即为所需的淡水。多级闪蒸就是以此原理为基础，使热盐水依次流经若干个压力逐渐降低的闪蒸室，逐级蒸发降温，同时盐水逐级增浓，直到其温度接近（但高于）天然海水温度。

2.多级闪蒸工艺

多级闪蒸系统主要设备有盐水加热器、多级闪蒸装置热回收段、排热段、水前处理装置、排不凝气装置真空系统、盐水循环泵和进出水泵等。其工艺流程为：进料海水→排热段闪蒸器→预处理（混凝、消毒、杀藻、软化、除垢）→循环盐水泵→热回收段闪蒸器各级。从排热段闪蒸器出来的一部分海水作为排热水排回大海，一部分海水通过预处理器后与从各级闪蒸器出来的浓盐水在循环盐水泵驱动下在系统内循环。

3.多级闪蒸工艺的优缺点

多级闪蒸技术利用热能和电能，适合于可以利用热源的场合，通常与火力发电厂联合建设与运行。该技术具有工艺成熟、海水结垢倾向小、设备简单可靠、易于大型化、操作弹性大、运行安全性高以及可利用低位热能和废热等优点。目前，多级闪蒸的总装机容量在海水淡化领域仍属第一。

多级闪蒸工艺的主要缺点为设备材料费用较高，最高工作温度可达到 110 ℃、对材料要求高、腐蚀等问题较严重，除垢工作量大，调试工作量大，各级水位的调整比较麻烦，有泄漏会使成品水受到污染，若水质不满足要求则需要强迫停机处理等。

**（二）低温多效蒸馏（LT-MED）**

1.低温多效蒸馏的原理

所谓低温，是指海水在第一效的最高蒸发温度（盐水顶温）不高于 70 ℃，这是因为当蒸发温度低于 70 ℃时，蒸发表面海水中盐类结晶的速率将大大降低，从而可避免或减缓设备结垢的产生。

多效蒸馏是指：在第一效，海水经过蒸发器上部的喷嘴在管束外表面喷淋。盐水从每一排管子向更低一排落下在每根管上形成降膜。加热蒸汽通过管内时,温度略微高一点的蒸汽在管内凝结,而盐水在管外蒸发生成二次蒸汽。前一个蒸发器蒸发出来的蒸汽作为下一个蒸发器的热源,并凝结成为淡水,依此类推,蒸发和凝结重复进行。在 LT-MED 过程中,蒸发器按系列式布置,确保热水蒸发侧的压力可成功地维持在低值。在一个蒸发器中凝结蒸汽成倍增加,是多效蒸发过程的标志。

2.低温多效蒸馏的工艺

首先,进料海水在冷凝器中被预热和脱气之后被分成两股物流:一股物流作为冷却水排回大海;另外一股物流变成蒸馏过程的进料液,加入阻垢剂后的料液被引入蒸发器温度最低的一组中。喷淋系统把料液分布到各蒸发器的顶排管上,在自上而下流动的过程中,部分海水吸收管内冷凝蒸汽的潜热而汽化。剩余料液用泵打入蒸发器效的下一组中,该组的操作温度要比上一组高。在新的组中又重复了蒸发和喷淋过程。剩余的料液接着往前打,在温度最高的小组中以浓缩液的形式离开。

其次,生蒸汽输入温度最高一效的蒸发管内部,在管内冷凝的同时,管外产生了基本等量的蒸发。二次蒸汽穿过捕沫装置后,进入下一效传热管内,第二效的操作温度和压力要略低于第一效。这种蒸发和冷凝过程沿着一串蒸发器的各效重复,最后一效的蒸汽在冷凝器内被海水冷却液冷凝。第一效的冷凝液被收集起来,该蒸馏水的一部分又返回到蒸汽发生器中,超过输入的生蒸汽量的部分流入一系列特殊容器的首个容器中,每一个容器都连接到下一低温效的冷凝侧。这样使一部分蒸馏水产生闪蒸并使剩余的产品水冷却下来,同时把热量传回蒸发器。

最后,产品水呈阶梯状流动并逐级闪蒸冷却,放出的热量提高了系统的总效率。被冷却的蒸馏水最后用产品水泵抽出并输入储罐,生产出的产品水是平均含盐量小于 5 mg/L 的纯水。浓缩海水像蒸馏水一样,从第一效呈阶梯状流入一系列的浓盐水闪蒸罐中,闪蒸冷却以回收其热量。经过冷却之后,浓盐水排回大海。不凝性气体从冷凝管中抽出,并从一效流到另一效。这些不凝性气体最后在冷凝器富集,并用蒸汽喷射器或机械式真空泵抽出。

3.低温多效蒸馏工艺的优缺点

低温多效蒸馏海水淡化系统具有以下优点:操作温度低,避免或减缓了设备的腐蚀和结垢;预处理简单;系统操作弹性大;动力消耗小;热效率高;系统操作安全、可靠;可利用电厂低品位的余热而极大地降低了造水成本等优点,因此,已经成为未来第二代海水淡化厂的主流技术。但主要缺点是盐水蒸发温度不能超过 70 ℃,要进一步提高热效率受到制约,同时蒸汽的比容较大,要求设备的体积也较大,即设备的投入要增加。

**(三)反渗透(RO)**

1.反渗透的原理

反渗透法是以压力差为推动力的淡化过程,就是在有盐分的水中(如原水),施以比自然渗透压力更大的压力,使渗透向相反方向进行,把原水中的水分子压到半透膜的另一边,变成洁净的水,从而达到除去水中盐分的目的。溶质和溶剂在膜中的扩散服从菲克(Fick)定律。物质的渗透能力不仅取决于扩散系数,而且取决于其在膜中的溶解度。溶质的扩散系数比水的扩散系数小得越多,高压下水在膜内的移动速度就越快,因此透过膜的水分子数量比通过扩散而透过去的溶质数量更多。

2.反渗透工艺

反渗透海水淡化系统由预处理、高压泵、膜组件、后处理构成。预处理通常去除悬浮固体、调节 pH、添加阻垢剂以控制碳酸钙和硫酸钙结垢等;高压泵用于对进料海水加压;膜组件的核心是半透膜,它截留溶解的盐类,几乎只允许水通过;后处理主要是进行稳定处理,包括 pH 调节和脱气处理等。

3.反渗透工艺的优缺点

反渗透工艺具有设备投资少、占地面积小、能量消耗低、建设周期短等诸多优点,但反渗透淡化也具有产水纯度略低、预处理要求严格以及温度降低时产水量下降的不足。

### (四)技术比较

多级闪蒸装置单机容量最高,投资也最大,低温多效蒸馏与反渗透法的成本相差不多,反渗透电耗较高,操作性较复杂,其出水水质较差。但反渗透应用于市政供水具有较大优势,几乎所有用于市政供水的海水淡化系统均采用了该法。对于要求提供锅炉补给水和工艺纯水,具有低品位蒸汽或余热可利用的电力、石化等企业,低温多效蒸馏可实现能源的高效利用,联产后降低了淡化成本,具有一定的竞争优势。

## 五、水体的自净及综合防治技术

水体的自净机制有物理净化、化学净化和生物净化三种。水体自净的三种机制往往同时发生,并相互交织在一起,哪一方面起主导作用取决于污染物性质及水体的水文学和生物学特征。水体污染恶化过程和水体自净过程是同时产生和存在的,但在某一水体的部分区域或一定的时间内,这两种过程总有一种过程是相对主要的,它决定着水体污染的总特征。所以,当污染物被排入清洁水体之后,水体一般会呈现出三个不同水质区:水质恶化区、水质恢复区和水质清洁区。

### (一)水体自净实现方式

废水或污染物进入水体后,立即产生两个互相关联的过程:一是水体污染过程,二是水体自净过程。水体污染的发生和发展,以及水质是否恶化,要视这两个过程进行的强度而定。这两个过程进行的强度与污染物性质、污染源大小和受纳水体三个方面及其相互作用有关。

#### 1.物理作用

物理作用包括可沉性固体逐渐下沉,悬浮物、胶体和溶解性污染物稀释混合,浓度逐渐降低。其中,稀释作用是一项重要的物理净化过程。

#### 2.化学作用

污染物质由于氧化、还原、酸碱反应,分解、化合、吸附和凝聚等作用而使污染物质的存在形态发生变化和浓度降低。

#### 3.生物作用

各种生物(藻类、微生物等)的活动特别是微生物对水中有机物的氧化分解作用使污染物降解。它在水体自净中起非常重要的作用。水体中的污染物的沉淀、稀释、混合等物理过程,氧化还原、分解化合、吸附凝聚等化学和物理化学过程以及生物化学过程等,往往是同时发生,相互影响,并相互交织进行的。一般来说,物理过程和生物化学过程在水体自净中占主要地位。

### (二)水体综合防治

1.一般措施

禁止向水体排放油类、酸液、碱液或者剧毒废液。禁止在水体清洗装贮过油类或者有毒污染物的车辆和容器。

禁止向水体排放、倾倒放射性固体废物或者含有高放射性和中放射性物质的废水。向水体排放含低放射性物质的废水,应当符合国家有关放射性污染防治的规定和标准。

向水体排放含热废水,应当采取措施,保证水体的温度符合水环境质量标准。含病原体的污水应当经过消毒处理;符合国家有关标准后,方可排放。

禁止向水体排放、倾倒工业废渣、城镇垃圾和其他废弃物。

2.工业防治

国务院有关部门和县级以上地方人民政府应当合理规划工业布局,要求造成水污染的企业进行技术改造,采取综合防治措施,提高水的重复利用率,减少废水和污染物排放量。

对严重污染水环境的落后工艺和设备实行淘汰制度。

禁止新建不符合国家产业政策的小型造纸、制革、印染、染料、炼焦、炼硫、炼砷、炼汞、炼油、电镀、农药、石棉、水泥、玻璃、钢铁、火电以及其他严重污染水环境的生产项目。

企业应当采用原材料利用效率高、污染物排放量少的清洁工艺,并加强管理,减少水污染物的产生。

3.城镇防治

城镇污水应当集中处理。

向城镇污水集中处理设施排放水污染物,应当符合国家或者地方规定的水污染物排放标准。

建设生活垃圾填埋场,应当采取防渗漏等措施,防止造成水污染。

4.农业农村防治

使用农药,应当符合国家有关农药安全使用的规定和标准。

县级以上地方人民政府农业主管部门和其他有关部门,应当采取措施,指导农业生产者科学、合理地使用化肥和农药,控制化肥和农药的过量使用,防止造成水污染。

国家支持畜禽养殖场、养殖小区建设畜禽粪便、废水的综合利用或者无害化处理设施。从事水产养殖应当保护水域生态环境,科学确定养殖密度,合理投饵和使用药物,防止污染水环境。

向农田灌溉渠道排放工业废水和城镇污水,应当保证其下游最近的灌溉取水点的水质符合农田灌溉水质标准。

利用工业废水和城镇污水进行灌溉,应当防止污染土壤、地下水和农产品。

5.船舶防治

船舶排放含油污水、生活污水,应当符合船舶污染物排放标准。船舶的残油、废油应当回收,禁止排入水体。禁止向水体倾倒船舶垃圾。船舶装载运输油类或者有毒货物,应当采取防止溢流和渗漏的措施,防止货物落水造成水污染。

船舶应当按照国家有关规定配置相应的防污设备和器材,并持有合法有效的防止水域环境污染的证书与文书。

港口、码头、装卸站和船舶修造厂应当备有足够的船舶污染物、废弃物的接收设施。

船舶进行活动时,应当编制作业方案,采取有效的安全措施和防污染措施,并报作业的海事管理机构批准。

# 第四章　不同水质的特点及使用场景

## 第一节　水质的基本特征

### 一、原水

原水一般是指采集于自然界,包括地下水、山泉水、水库水等的天然水源,未经过任何人工的净化处理。

**(一)原水的来源**

取自天然水体或蓄水水体,如河流、湖泊、池塘或地下蓄水层等,用作供水水源的水;或者流入水处理厂的第一个处理单元的水。水厂用以调节供水网水压的蓄水池中的水不是原水。原水的水质因水源不同而异。

护肤品行业中的原水是指直接从新鲜植物细胞壁中提取出来的营养水,具备天然的渗透力和代谢能量,生产过程中没有接触或引入其他成分,是亲肤性良好、分子细小的活化水。

原水包括泉水饮用前必须过滤,并用紫外线、臭氧气体等过滤器进行消毒。这与大多数果汁和乳制品为保质而进行巴氏灭菌相似。不幸的是,这种杀菌可能会破坏有益的矿物质和益生菌。

**(二)原水类型与水质分析**

原水成分是确定适宜的水处理工艺、选择适合的水质处理流程、进行水处理设备计算的重要基础资料。

1.pH 酸碱度

原水 pH 酸碱度反映了原水的酸碱性。pH = 7 为中性;pH = 0 ~ 7 为酸性;pH = 7 ~ 14 为碱性。pH 的变化影响离子的脱除率即系统的脱盐率变化。

2.电导率、总溶解固体含量(TDS)

电导率是表示水中溶解离子导电能力的指标。电导率是测量水中离子浓度的便捷方法,但不能精确反映离子的构成。电导率随离子浓度增加而升高。

TDS(总溶解固体含量)是过滤掉悬浮物及胶体,蒸发掉全部水分后剩余的无机物。TDS 值可以用测量仪直接测量,或者通过测量水的电导率然后转换成 TDS 值。

3.硬度

水的硬度是指水中钙、镁离子的浓度,硬度单位是 mg/L,以 $CaCO_3$ 计。对于硬度和碱度都较高的水源,预处理工艺中应特别注意防止 $CaCO_3$ 结垢。

4.浊度

浊度是指水中悬浮物对光线透过时所发生的阻碍程度。水中悬浮物一般是泥土、砂粒、微细的有机物和无机物、浮游生物、微生物和胶体物质等。

5.离子成分

水中溶解的无机盐,其阴阳离子结合后形成的难溶盐或微溶盐在一定温度下有一定的溶解度,在 RO 系统中随着进水不断被浓缩,超过其溶解度极限时,它们就会在 RO 膜面上结垢。常见的难溶盐为 $CaCO_3$、$CaSO_4$,其他可能会产生结垢的化合物为 $CaF_2$、$BaSO_4$ 等。如果水中的阴阳离子可以形成以上难溶盐或微溶盐,其预处理必须考虑结垢控制措施,防止难溶盐或微溶盐超过其溶解度而引发沉淀与结垢。

6.碱度

碱度是指水中能与强酸反应的碱性物质的含量。碱度主要表征水中的重碳酸根、碳酸根、氢氧根离子含量,分为酚酞碱度和总碱度。

不同类型的水源对应不同工艺的预处理和不同型号的膜元件,对于不具备水质分析能力的小型工程项目,可参照相同类型水源的已投入运行项目的预处理进行设计,但对于大型的工程项目必须进行水质全面分析。

## 二、废水

废水是指居民活动过程中排出的水及径流雨水的总称。它包括生活污水、工业废水和初雨径流入排水管渠等其他无用水，一般指无法利用或没有利用价值的水。

### （一）印染废水

印染废水（见图4-1）具有水量大、有机污染物含量高、色度深、碱性大、水质变化大等特点，属难处理的工业废水。印染加工的四个工序都要排出废水，预处理阶段（包括烧毛、退浆、煮炼、漂白、丝光等工序）要排出退浆废水、煮炼废水、漂白废水和丝光废水，染色工序排出染色废水，印花工序排出印花废水和皂液废水，整理工序则排出整理废水。印染废水是以上各类废水的混合废水，或除漂白废水外的综合废水。

图4-1　印染废水

### （二）医院废水

医院污水（见图4-2）是指医院（综合医院、专业病院及其他类型医院）向自然环境或城市管道排放的污水。其水质随不同的医院性质、规模及其所在地区而异。一般每张病床每天排放的污水量为200～1 000 L。医院污水中所含的主要污染物为病原体（寄生虫卵、病原菌、病毒等）、有机物、漂浮及悬浮物、放射性污染物等，未经处理的原污水中含菌总量可达$10^8$个/mL以上。

图 4-2　医院废水

## (三)电镀废水

电镀废水(见图 4-3)的成分非常复杂,除含氰($CN^-$)废水和酸碱废水外,还含有重金属废水。重金属废水是电镀企业潜在危害性极大的废水类别。根据重金属废水中所含重金属元素进行分类,一般可以分为含铬(Cr)废水、含镍(Ni)废水、含镉(Cd)废水、含铜(Cu)废水、含锌(Zn)废水、含金(Au)废水、含银(Ag)废水等。

图 4-3　电镀废水

**（四）农业废水**

农业废水（见图 4-4）污染物浓度较高，化学需氧量（COD）可达每升数万毫克；毒性大，废水中除含有农药和中间体外，还含有酚、砷、汞等有毒物质以及许多生物难以降解的物质；有恶臭，对人的呼吸道和黏膜有刺激性；水质、水量不稳定。

图 4-4　农业废水

**（五）造纸废水**

造纸工业是能耗、物耗高，对环境污染严重的行业之一，其污染特性是废水排放量大（见图 4-5），其中 COD、悬浮物（SS）含量高，色度严重。

图 4-5　造纸废水

1.特点

造纸废水危害很大,其中黑水是危害最大的,它所含的污染物占到造纸工业污染排放总量的 90%以上,由于黑水碱性大、颜色深、臭味重、泡沫多,并大量消耗水中溶解氧,严重地污染水源,给环境和人类健康带来危害。

其中对环境污染最严重的是漂白过程中产生的含氯废水,例如氯化漂白废水、次氯酸盐漂白废水等。此外,漂白废水中含有毒性极强的致癌物质二噁英,也对生态环境和人体健康造成了严重威胁。

2.处理技术

由于造纸废水由三种废水组成:黑液、打浆机废水和造纸机废水,因此它的回收利用主要是针对这三种废水展开的。

1)黑液的回收利用

(1)传统碱回收法(燃烧法)。造纸工业上用碱量很大,每生产 1 t 纸浆需要 200~400 kg 烧碱。在蒸煮后排出的黑液中有 35%左右的无机物,其主要成分是游离的 NaOH、$Na_2S$、$Na_2SO_4$ 及和有机物结合的其他钠盐。回收碱的目的就是将这些钠盐转化为 NaOH 和 $Na_2S$ 回收利用,以降低成本,并减少对水体的污染。

(2)湿式氧化法。湿式氧化是指在高温、高压下,废水中的有机物被氧化分解的过程,其氧化程度取决于所使用的温度和压力。此方法适用于烧碱法黑液。

(3)湿式裂化法。该法回收稻草浆黑液为我国独创的新技术。黑液在 20 MPa、360 ℃左右进行湿式裂化反应 15~30 min,黑液中的有机物转化为气体、焦油、炭粉和有机酸,硅酸钠在高 $CO_2$ 分压下转化为 $Si_2$ 沉淀。然后在常压下用沉降法将裂化产物分离,分离出的液体可苛化回收碱。

(4)加热分解法。此方法的基本原理与空气氧化法相似。将浓缩到 50%~60%的黑液,在氧气不足的条件下,在热分解炉内进行瞬间热分离,分解产物为 $Na_2CO_3$、$H_2S$、C 等。

(5)黑液的综合利用办法。回收硫酸盐松节油,用黑液制取胡敏酸氨,回收塔罗油,用黑液制取二甲基亚砜等。另外,还可以回收木质素，生产酒精和酵母。

2）打浆机废水回收利用

纸浆经过打浆机排出的废水，所含成分与黑液相同，只不过浓度较低。由于所含的有机物质（纤维和碱等）数量少，回收较困难，但废水中的总固体、悬浮物和 $BOD_5$ 仍然很高，直接排放对水体污染仍很严重，因此需要进行处理。主要处理方法包括混凝沉淀法、气浮法、活性污泥法、稳定塘法、生物滤池法及 A/O 法等。

3）造纸机废水回收利用

从造纸机上排出的废水中含有大量纤维，若不回收利用，将造成很大浪费，因此对造纸机废水必须加以充分的回收和重复利用。这些水部分可以用来稀释纸浆（如案辊排出的白水），部分送至打浆工程使用（吸水箱和伏辊所压出的废水），打浆工程用不了的废水，应送到回收装置进行回收。

**（六）电泳废水**

电泳涂装具有水溶性、无毒、易于自动化控制等特点，在汽车、电子、建材、五金等行业得到广泛应用。由此，电泳废水（见图 4-6）随之产生，并成为较广泛出现的一种工业电泳废水，该废水具有污染物种类多、成分复杂的特点。此外，由于各行业、企业规模差异较大，电泳废水水量、水质差异也较大，电泳废水的处理工艺也必然呈多样性。

1.电泳废水的特点

电泳漆的水性树脂之所以能用水稀释分散，主要是借助于聚合物分子链上含有一定数量的亲水基团。例如，含有羧基（—COOH）、羟基（—OH）、醚基（—O—）、氨基（$—NH_2$）等。按水分散树脂所带电荷的不同，可分为带有羧基（—COOH）的水性树脂即阳极电泳漆（或称为阴离子电泳漆），带有氨基（$—NH_2$）的水性树脂即阴极电泳漆（或称为阳离子电泳漆），泳透力和库仑效率是阴极电泳涂装中两个最重要的电泳特性。

图 4-6 电泳废水

2.电泳废水的处理工艺

电泳涂装行业是一项既复杂又对环境、温度等各项指标有严格要求的工作。为保证质量,电泳涂装施工对空气的清洁度、温度、湿度和通风照明等均有一定的要求。但电泳中的前处理、电泳、烘干等过程会不同程度地产生电泳废水和废气,对人体有一定的危害性,若不加治理,不仅会影响工作者的健康和生产的安全,而且会对环境造成污染。因此,在电泳生产中应采取各种有效措施,进行环保治理。

1)物理处理法

物理处理法有分离法、过滤法、离心法等。废水的物理处理法,主要是用于去除悬浮物、胶状物等物质;而蒸发结晶和高磁分离法,主要是用于去除胶状物、悬浮物和可溶性盐类以及各种金属离子。若投加磁铁粉和凝聚剂,还能去除其他非金属杂质。

2)化学处理法

化学处理法有中和法、凝聚法、氧化还原法等。

(1)中和法。将废水进行酸碱中和,调整溶液的酸碱度(pH),使其呈中性或接近中性,或适宜于下一步处理的 pH 范围。

酸性废水中和采用的中和剂有废碱、石灰、电石渣、石灰石、白云石等。碱性废水中和采用的中和剂有废酸、烟道气体中的二氧化硫和二氧化碳等。对于一个工厂或一个产业区,有条件时应尽量采用酸性废水和碱性废水互相中和，以废治废、降低成本。

（2）凝聚法。在废水中加进适当的凝聚剂，使废水中的胶粒互相碰撞而凝聚成较大的粒子，从溶液中分离开来。其中包括一系列物理化学和胶体化学的复杂过程。

①电荷作用。采用氯化铝作为凝聚剂时，废水的碱性太高，可加进酸性白土做助凝剂；若废水的碱性不高，可采用石灰乳作为助凝剂。碱式氯化铝水解后，产生带正电荷的物质，废水中的胶体杂质带负电荷，碱式氯化铝的加进就可吸附中和胶体物质的带电离子，使得胶体电位降低，当电位降低到一定程度时，各个微粒就会因碰撞、吸附而凝聚沉淀下来。

②化学作用。凝聚剂中的金属离子和胶体杂质的特性官能团形成配位键结合而凝聚。

③机械作用。通过机械搅拌、离心碰撞，使颗粒互相结合而增大，颗粒重力增加而沉淀、凝聚。胶体溶液中的微粒是处于两种方向相反的作用之下，一种是重力，另外一种是扩散力。后一种力是由质点微粒的布朗运动而引起的，这个力使质点由浓度高的部分向浓度低的部分移动，当两力达到相等时就会达到平衡状态，无法沉淀。当外加机械力时，就会使平衡破坏，从而使粒子下沉。通过这种作用，达到废水净化的目的。

（3）氧化还原法。在氧化还原反应中，参加反应的物质会改变其原有的特性，在水质控制和处理技术中用它来净化水质。

①药剂法。在废水中加进适当的氧化剂或还原剂，使之与水中的无机物杂质进行反应，其重点用于工厂的产业废水的处理。例如，氰化物用氯氧化；六价铬用亚铁盐还原为三价铬等。

②过滤法。将颗粒状的氧化剂或还原剂材料填充成层，形成滤池，使待处理的废水透过滤层，水中杂质即进行氧化还原反应。例如，使汞还原而留在滤层中，从而自废水中除去。

③曝气法。通过曝气，使废水不断溶解空气中的氧，使物质得到氧化。例如，废水中的二价铁离子，经曝气后，可氧化为三价铁离子；高浓度的硫化铵石油废水，经加热及曝气，硫化物可氧化为硫代硫酸盐或硫

而除去。

3)物理化学法

用此法处理废水有离子交换、电渗析、反渗透、气浮分离、汽提、吹脱、吸附、萃取等方法。物理化学方法主要用于分离废水中的溶解物质,回收有用的物质成分,使废水得到深度处理。

(1)离子交换法。该法是利用离子交换机上的离子和废水中的离子进行交换,而除去废水中的有害离子的方法。离子交换法的特点主要是吸附离子化的物质,并进行等当量的离子交换。采用离子交换来处理废水,广泛用于回收废水中的金属离子,如金、银、铂、汞、铬、镉、锌、铜等。除此之外,在净化放射性废水方面也有应用。

(2)吸附法。固体表面分子、原子或离子同液体表面一样,存在剩余的表面自由能,同样具有自动降低这种能量的趋势。固体表面会自动降低自由能的趋势往往表现为对气体或液体中某种物质的吸附作用。固体表面也就是由固体和气体或固体与液体组成的,在此相同界面上常会出现气体组分或溶质组分浓度升高的现象,这就是固体表面的吸附作用。利用吸附剂(活性炭、活化煤、腐植酸、硅藻土、白陶土、硅胶、活性铝、分子筛等)可除去废水中的酚、染料、农药、有机物、各种重金属离子等,还可吸附废气中的有害毒物,吸附法在三废治理中是一种很有前途的处理方法。

4)生物处理法

生物处理法也称生化法,是利用微生物群的新陈代谢过程,使废水中的复杂有机物氧化分解成二氧化碳、甲烷和水。生物法的种类很多,按生物法的基本类型可分为四大类,即自然氧化法、生物滤池氧化法、活性污泥法、厌氧发酵法。

**(七)洗涤废水**

洗涤废水(见图4-7)主要是指清洗衣服时产生的废水,洗涤废水处理的重点是清水透洗衣服产生的甩干废水。与清水透洗衣服时产生的清水甩干废水有所不同是,洗涤废水中含有大量的洗涤剂、尘土颗粒、油污等,洗涤剂中含有的磷元素是造成水体富营养化的主要原因。清水甩干废水通常来说较为干净,磷元素、尘土颗粒都比洗涤废水少得多,但由于洗衣工艺的问题,洗涤废水与清水甩干废水常常混合排放,这在一定程度上加大了洗涤废水的处理难度和成本。

**图 4-7　洗涤废水**

1.洗涤废水的特点

洗涤废水中主要污染物是阴离子表面活性剂,进入水体后与其他污染物结合在一起,形成一定的分散胶体颗粒,污水中的 LAS 等表面活性剂以分散状和胶粒存在,有机成分主要是表面活性剂,主要有以下特点。

1)废水水质波动大,排放规律性差

含表面活性剂的废水多偏碱性,pH 在 8~11,废水中 LAS 含量有的高达几千毫克每升,如洗毛废水;有的只有十几毫克每升,如洗浴废水。目前,我国合成洗涤剂生产厂排放的废水中 LAS 等阴离子表面活性剂负荷一般在 10~60 mg/L,高者可达 135 mg/L,COD 差异也可以从几百变到几万甚至是十几万。

2)毒性及对水体的危害

废水中 LAS 本身具有一定的毒性,对动物和人体有慢性毒害作用。LAS 可以降低水体中氧的传递速度,严重时可以使水体缺氧、腐败,水体自净过程受阻。磷酸盐的含量高时有可能导致水体产生浮萍。

2.洗涤废水的处理工艺

从洗涤废水的水质特点考虑,目前洗涤工业园对洗涤废水的处理工艺主要包含混凝沉降法、水解酸化-接触氧化法、两极复合滤料生物滤池法。

1)混凝沉降工艺

混凝沉降法主要包括混合+絮凝+沉淀3个方面。目前,主要以硫酸铁、PAC为混凝剂,以PAM为助溶剂。混凝沉降处理工艺低耗节能、流程简单、运行稳定,能有效去除SS和BOD。

2)水解酸化-接触氧化工艺

水解酸化-接触氧化法主要由水解酸化及生物接触氧化组成。水解酸化-接触氧化法基本没有污泥膨胀现象,可承担的污泥负荷高,水处理设施体积小,运行稳定,方便工作人员管理,一般适用于小型污水处理站。

3)两极复合滤料生物滤池工艺

两极复合滤料生物滤池是在高负荷生物滤池、曝气生物滤池等生物膜法的基础上发展而来的。两极复合滤料生物滤池处理的洗涤废水,仅适用于《污水综合排放标准》(GB 8978—1996)规定的排放浓度一级标准。

3.洗涤废水处理后的回用情况

洗涤废水经处理后主要用于市政用水、工业用水、农业用水等。值得注意的是,农业用水对水质要求较高,洗涤废水包含的有害成分会在作物和土壤中积累,影响农作物质量,进而危害人类身体健康。

**(八)焦化废水**

焦化废水是焦化厂与煤气厂在生产过程中的洗涤水、洗汽水,蒸汽分流后的分离水和储罐排水等,含有数十种无机和有机化合物。其中,无机化合物主要是大量氨盐、硫氰化物、硫化物、氰化物等,有机化合物除酚类外,还有单环及多环的芳香族化合物,含氮、硫、氧的杂环化合物等。其污染严重,是工业废水排放中一个突出的环境问题,而且成分复杂,污染物浓度高、色度高、毒性大,性质非常稳定,是一种典型的难降解有机废水。

1.焦化废水的来源

焦化厂主要生产焦炭、商业煤气、硫铵和轻苯等化工产品。该厂焦油回收系统采用硫铵流程,焦油加工采用管式炉两塔连续蒸馏,其生产工艺为双炉双塔连续蒸馏、洗涤、精制。在焦炉煤气冷却、洗涤、粗苯加工及焦油加工过程中，产生含有酚、氰、油、氨及大量有机物的工业废水。

2.焦化废水处理方法

焦化废水(见图4-8)处理方法常见的有生物法、化学法、物理法和循环利用等。

生物法：利用微生物氧化分解废水中有机物的方法，常作为焦化废水处理系统中的二级处理。

化学法：一般常用的是催化湿式氧化技术，催化湿式氧化技术是在高温、高压条件下，在催化剂作用下，用空气中的氧将溶于水或水中悬浮的有机物氧化，这类处理方法具有适用范围广、氧化速度快、处理效率高、二次污染低、可回收能量和有用物料等优点。

物理法：采用吸附法或者利用烟道气处理焦化废水，这类方式以废治废，投资省，占地少，运行费用低，处理效果好，环境效益十分显著。

焦化废水处理方法按照处理程度、分类不同，可分为一级处理、二级处理和三级处理。

一级处理：可称为初级处理或预处理，是通过沉淀、萃取、氧化还原等方法去除废水中的悬浮物，回收有价值的物质。

二级处理：是在一级处理的基础上对废水进一步处理。

三级处理：也称深度处理，它是将二级处理的水再进一步处理，从而有效除去水中不同性质的污染物。

图4-8　焦化废水

## 三、饮用水

饮用水包括干净的天然泉水、井水、河水和湖水,经过处理的矿泉水、纯净水等,加工过的饮用水有瓶装水、桶装水、管道直饮水等形式。自来水在中国内地一般不被用来直接饮用,一般将经过煮沸的饮用水称作开水。饮用水种类及特点见表4-1。

**表4-1　饮用水的种类及特点**

| 序号 | 名称 | 水源 | 水处理工艺简介 | 产品水的特点 |
| --- | --- | --- | --- | --- |
| 1 | 天然山泉水 | 水源来自没受污染的山区 | 采用多级保安过滤机精密过滤(纳滤或超滤),再杀菌处理 | 可直接饮用,呈弱碱性,含适量的矿物质,最宜泡茶、煮饭、煲汤、长期饮用及婴幼儿冲泡奶粉 |
| 2 | 矿泉水 | 水源来自深井 | 采用多级保安过滤机精密过滤(纳滤或超滤),再杀菌处理 | 可直接饮用,含矿物质多;不宜长期饮用,不宜泡茶、煮饭、煲汤,婴幼儿不宜使用 |
| 3 | 纯净水 | 水源来自自来水 | 采用常规过滤后用反渗透过滤,再杀菌处理 | 可直接饮用,无矿物质,pH为中性或弱酸性,不宜长期饮用 |
| 4 | 蒸馏水 | 水源来自自来水 | 采用常规过滤后用反渗透过滤或软化,再蒸馏、冷凝制作而成 | 可直接饮用,无矿物质,pH为中性或弱酸性,不宜长期饮用 |
| 5 | 自来水 | 水源来自江、河、湖、库 | 过滤水处理工艺:沉淀、吸附、氯制剂消毒 | 不可直接饮用,如来自污染较重的水源,重金属含量较多 |
| 6 | 家庭型净水器 | 水源来自自来水 | 小型过滤器,过滤多采用滤芯 | 若不按时更换滤芯,将造成滤芯处细菌大量繁殖,比自来水更脏,不建议直接饮用 |

**(一)山泉水**

山泉水是流经无污染的山区,经过山体自净作用而形成的天然饮用水。水源可能来自雨水,或来自地下,暴露在地表或在地表浅层中流动,经山体和植被层层滤净与流动的同时,融入了对人体有益的矿物质成分,属于软水,是比较理想的饮用水,其矿物质的含量没有矿物质水高,适合各阶段人群饮用。

**(二)矿物质水**

矿物质适中才是健康水,而现如今许多饮用水厂家使用人工添加矿物质的方法,把矿物质添加到纯净水中,还有些厂家通过添加氢氧化钠等化学品来释放钠钾阳离子,这样的水,其酸碱度会比纯净水高,但是氢氧化钠的添加不符合安全饮水的要求,这是强碱性物质,不属于食品,也不属于食品添加剂。

**(三)纯净水**

纯净水一般是蒸馏水,与人类传统饮用水有原则上的差别,它的优点在于:没有细菌、病毒、杂质,干净卫生,而且纯净水中还含有极少量的微量元素。对于人体来讲,长期饮用纯净水不能满足人体对必需物质的吸收。

**(四)蒸馏水**

蒸馏水是水沸腾后产生的水蒸气经过冷却凝缩,再次成为水,这样加工的水被称为蒸馏水。有些人认为蒸馏水最纯净,可以饮用,而且饮用后也没有什么症状。但是,蒸馏水是去除了有机物和无机物的,长期饮用不能满足人体对必需物质的吸收。

**(五)自来水**

自来水是天然水的一种,是安全水,含有天然水中的有益矿物质,是符合人体生理功能需求的水。但存在管网老化、余氯等二次污染。如果能够深度净化,不失为一种更为大众化的健康水。

**(六)白开水**

白开水的来源是市政的自来水,因当地的水质不同而有不同的酸碱度。建议:在水烧开后要把壶盖打开烧 3 min 左右,让水中的酸性及有害物质随水蒸气蒸发掉,而且烧开的水最好当天喝。

## 四、工业用水

工业用水指工、矿企业的各部门,在工业生产过程(或期间)中,制造、加工、冷却、空调、洗涤、锅炉等使用的水及厂内职工生活用水的总称。

### (一)工业用水水源与分类

1.工业用水水源

工业生产过程所用全部淡水(或包括部分海水)的引取来源,称为工业用水水源。

2.工业用水水源分类

1)地表水

地表水包括陆地表面形成的径流及地表贮存的水(如江、河、湖、库等水)。

2)地下水

地下水是地下径流或埋藏于地下的,经过提取可被利用的淡水(如潜水、承压水、岩溶水、裂隙水等)。

3)自来水

由城市给水管网系统供给的水。

4)城市污水回用水

经过处理达到工业用水水质标准又回用到工业生产上来的那部分城市污水。

5)海水

沿海城市的一些工业用做冷却水水源或为其他目的所取的那部分海水(注:城市污水回用水与海水是水源的一部分,但目前对这两种水暂不考核,不计在取水量之内,只注明使用水量以做参考)。

6)其他水

有些企业根据本身的特定条件使用上述各种水以外的水作为取水水源,称为其他水。

### (二)工业用水的分类

水是工业的血液,世界上几乎没有一种工业不用水。工业用水可分为以下四类:

(1)冷却用水,用以带走生产设备多余的热量,几乎占所有工业用水的70%。

(2)空调用水,用于调节室内的温度和湿度,在纺织业、电子仪表业、精密机床生产中,均需应用。

(3)产品用水,直接成为产品的一部分或仅作为生产过程中的一种介质。

(4)清洗及其他用水。

### (三)工业用水的特征

1.用水量大

我国城镇工业取水量占全国总取水量的20%以上,随着城市化和工业化进程的加快,城镇工业数量的大幅增长,水资源供需将逐渐加大。

2.大量工业废水直接排放

我国城镇工业废水排放量约占总排水量的49%,由于绝大多数有毒有害物质随工业废水排入水体,导致部分水源被迫弃用,加剧了水资源的短缺。

3.工业用水效率总体水平较低

我国很多小城镇水资源严重短缺,同时存在严重浪费的现象,工业用水重复利用率约为52%。国内地区间、行业间、企业间的差距也较大。重复利用率高的达97%,而最低的只有2.4%,不少乡镇企业供水管道和用水设备“跑、冒、滴、漏”现象严重,地下水取水量逐年上升,浪费和漏失的水量高于取水量的15%。

4.工业用水相对集中

我国城镇工业用水主要集中在纺织、石油化工、造纸、冶金等行业,其取水量约占工业取水量的45%。小城镇的工业节水应实行用水总量控制,而且应与水环境治理、改善和保护的要求相配合,同时,考虑乡镇企业自身的产业结构调整、技术水平升级以及产品的更新换代。

### (四)工业用水的范围

1.生产用水、辅助用水、附属用水都是工业用水

在工业生产中,有三种不同的生产职能,由企业内部不同的部门担负。直接担负工业产品生产的各工序或机构、部门叫作生产车间或生产部门;为生产部门服务的车间、机构、部门,如动力、仪表、机修、锅炉等单位叫作辅助生产部门;为企业生产或职工服务的其他部门、机构,

叫作附属部门,如食堂、澡堂、供销、机关等。

生产部门的用水叫生产用水,辅助部门的用水叫辅助生产用水,附属部门的用水叫附属生产用水。不管是生产用水、辅助生产用水,还是附属生产用水,都是直接参与生产或为生产服务的,都属工业用水,是工业用水中不同的三个部分。

在工业用水中,生产用水的比重较大,占企业用水的60%~65%以上;辅助生产用水约占30%;附属生产用水比重较小,占5%~10%。

2.宿舍、医院、学校、托儿所、俱乐部等用水不在工业用水之内

与生产没有直接关系的用水,如宿舍的居民用水,医院的用水,学校、托儿所等机构的用水不属工业用水。对于它们的管理也不属工业用水管理。这些部门的用水水费,有时虽然也由企业支付,但是它不能计入工业成本。

3.企业的基建用水

近年来,企业基建项目普遍增多,基建用水量也逐年增加。但是,基建用水不属于企业的正常生产用水,它的大小也与企业生产无关,不可列入企业的正常用水范围。

## 第二节　日常水资源使用场景

### 一、厨房用水

煮饭、煲汤、洗菜,需要使用清洁的水。厨房水设施见图4-9。

图4-9　厨房水设施

### (一)当前厨房用水及厨具设计的总体状况

1.当前厨房用水状况

据统计,2020年,我国大约有5亿个家庭,几乎每个家庭都有自己的厨房,因每个家庭生活习惯、家庭成员以及地理位置的不同,厨房的用水量也存在一定的差异,但毋庸置疑的是每个厨房都会用水。《家庭厨房用水耗能状况研究报告》表明,北京居民厨房日均用水量在60 L以上,上海地区居民厨房日均总用水量平均值超过了130 L。考虑到中国有约5亿个家庭,全国厨房用水的总量是十分惊人的。家庭的总用水量不同,厨房用水量所占比例也有所不同。一般来说,一个拥有3~4个家庭成员的家庭,一天大约用水0.5 t,一个月大约15 t。人均月用水量大概在3 t,包括饮用、洗漱、洗衣、洗菜、拖地、厕用,正常每月人均用水量在3~4 t。生活用水量每日都发生着变化,在1 d之内用水量也不是固定的。但大部分家庭的生活用水中,冲厕所、洗澡和洗地用的水量最大,在2 t左右,其次便是厨房用水,包括洗米、洗菜、清洁餐具、打扫厨房卫生等大概用水1 t。当然,对于一些用水习惯不好、存在浪费现象的家庭,每个月用水量会更大。厨房用水量大,节水潜力大,我们应该深入挖掘,减少水资源浪费。目前,节水型坐便器、节水型淋浴喷头已经普及开来,在厨房节水上我们仍需要投入更多的关注。

2.厨具种类状况

随着时代的发展和社会的进步,厨具也在不断地更新换代,各种新型厨具不断走入人们的生活,带给人们新的体验。厨具,包含范围较为广泛,可以说,厨房里的用具都可以称为厨具。现今的厨房用具大体上可以分为以下几类:

第一类是洗涤器具,包含供给冷热水的系统、洗菜槽、洗米盆、洗碗机、刷子等。现代厨房往往还配有处理洗涤后垃圾的粉碎器。

第二类是调理器具,主要包括切菜、配料、调制的工具和各种容器,如削皮机、压榨汁机、调料机、绞馅机、调料盒等。

第三类是烹饪器具,主要有燃气具、灶具和烹饪时的各类锅和容器,如电饭煲、电磁炉、高压锅、电烤箱等。

第四类是餐具,主要包括用餐的桌椅和进餐时的筷子、碗、菜盆、勺子等。

第五类是储藏类器具,可分为食品储藏和器物用品储藏两部分,如冰箱是每个家庭必备的食品储藏器具,橱柜是存储各种餐具、炊具的器物用品储藏器具。

这五大类厨具只是对厨房厨具进行了粗略的概括,随着时间的推移,会不断出现新的厨具,也会不断有厨具被淘汰。通过对各类厨具进行分析,有利于我们筛选出哪些厨具用水,哪些厨具在设计上具有节水价值,让我们后续对厨房节水产品的创新设计研究更具有针对性。

**(二)厨房用水流程及可节水器具的归纳**

1.厨房用水流程分析

要想做到厨房节水,设计出好的厨房节水产品,首先要对厨房的用水流程有一定的了解。清楚在厨房使用过程中,哪些环节会用到水,落实到具体的用水环节。通过对每一用水环节细致分析,才能知道哪些地方存在浪费水资源的现象,哪些地方具有节水潜力,以便采取针对性的措施,提高用水效率。对于普通家庭厨房用水流程,我们可以将其分为三个过程,分别是烹饪前用水、烹饪中用水、烹饪后用水。烹饪前用水主要体现在食材的清洗,包括洗米、洗菜,如果有肉类、海鲜等还需要解冻和反复清洗。烹饪中用水主要体现在煮饭和做菜用水,煮饭需要在电饭煲中加入适量的水,做各类炖菜、煮面、煮饺子等都需要加入一定量的水。在烹饪中用水一定要做到适量,用水过量既影响饭菜的口感,又造成了水资源的浪费。烹饪后用水主要体现在厨具清洗,在饭后各类餐具、厨具都需要清洗,以便下次用餐前使用,包括洗碗、洗筷子、刷锅等。清洗好各类餐具后,还要打扫厨房卫生,用湿抹布对台面、橱柜进行擦拭,这部分也属于厨房用水。除此三个过程外,在平时洗水果时也会产生一定量的厨房用水。分析好用水流程及各部分用水情况,也就知道了厨房节水要从哪入手。如在烹饪前用水过程中,在洗菜前,可以先将各类尘土抖落,也可以用洗米、洗菜的剩水解冻、清洗肉类来节省一部分水。在烹饪过程中的用水,做到适量,不浪费。在烹饪后餐具清洗前可以用抹布或纸先对油污擦拭,再用水清洗,也可以加入一定量环保清洁剂去除油污或使用洗碗机节水。了解厨房用水的整个流程对厨房节水产品的创新研究具有重要的意义，让设计师的节水设计既能够做到整体上的全面、透彻，又具有局部环节上的针对性。

2.可节水厨具归纳分析

厨房节水产品的设计其目的在于节水，要做到节水就要了解厨房哪些地方用水。我们已经对厨房的用水流程进行了分析，接下来可以做进一步的了解，对可节水的厨具进行归纳和分析，可以说大部分用水的厨具都可节水。在洗涤器具中，水龙头、洗菜池、洗碗机等都可以节水。水龙头使用后要及时关闭，也可以对水龙头进行节水设计，引入感应式水龙头。洗菜池的结构设计、材料选取至关重要，选取易清洗、耐油的材料可以减少洗菜池的清洁用水。洗碗机作为厨房清洁产品，相较于手洗，也能够节约大量用水。在调理用具中，各种器皿可以通过造型的设计和材料的选择来节水，如榨汁机、削皮机、绞馅机等在设计时避免出现过多死角，以避免在清理残渣时耗费大量的水。在烹调用具中，可以通过科学合理的设计来节约用水，电饭锅煮饭用水量可以标明比例刻度，炉灶等采用易清洁材料，减少清洁用水。在进餐用具中，所有的餐具都存在清洁问题，因此造型设计尽量圆润、无死角，以方便清洁，同时材料也要耐磨、抗油污，方便每日清洗。储藏类厨具的用水也主要是清洁，其节水途径在于位置的摆放、材料的选择和结构的设计。厨房可节水的厨具有很多，只要是用水的厨具我们都要考虑到其节水的可能性。在厨房节水产品的创新设计中，这些都应该作为考虑的因素，通过对厨房可用水厨具的归纳和分析，可以为我们提供更多的节水思路，考虑更加全面。

**（三）厨房节水产品设计中的技术创新**

当今时代科学技术高速发展，给我们的生活带来了巨大的便利。在厨房节水产品的创新设计中要善于对各种先进的技术进行运用，享受科技的成果。很多节水技术在灌溉、污水处理等方面都得到了很好的应用。节水马桶、节水洗衣机也都是基于先进的科学技术，才达到了良好的节水效果。因而，要根据厨房的环境特点、用水特点，在技术上进行创新应用，以达到节约厨房用水的目的。

1.纳米涂层技术

纳米涂层是运用纳米技术的一种先进工艺。其科技含量高，无毒无害,能够对室内甲醛、二甲苯等物质进行降解,适用于室内装修材料。在基体表面使用纳米涂层技术后能够起到耐腐蚀的效果,同时使基体更加光洁、美观,起到装饰的作用。绝大多数传统表面涂层工艺,都可以用纳米涂层技术进行改造,加强涂层的防护能力。如在油漆或一些其他涂料中加入纳米颗粒可以有效增强其防紫外线侵蚀的能力。如在厨房节水产品的设计上运用纳米材料涂层技术可以起到杀菌、保洁、易清洁的效果。易清洁纳米涂层的灵感来源于自然界。自然界中荷叶的表面具有超强的疏水性,荷叶表面也没有灰尘,给人一种出淤泥而不染的感觉,这是因为荷叶表面具有复杂的纳米结构,可以起到疏水、抗污的作用。易清洁纳米涂层,正是采用仿生技术,再运用树脂进行改性工艺,让其拥有更好的耐磨性和稳定性。图 4-10 为当水珠溅落到纳米材料表面的情景,展现出了纳米涂层的疏水性。

**图 4-10　纳米疏水材料**

纳米涂层表面具有张力,导致污垢与涂层的结合不紧密,因此易于清洗。在厨房中洗菜的水槽、台面、墙壁、油烟机等表面都可以采用疏水、疏油的纳米涂层。厨房向来是家庭卫生清理的难点,每天做饭产生的油烟会附着到各个死角,提升清洁难度。如果在油烟机、台面、水槽以及其他设备表面采用易清洁纳米涂层技术,油污清理就会简单起来。经纳米涂层处理过的厨房器具,油渍、水渍将不会黏附其表面，而是形成油珠、水珠，通过抹布轻轻擦拭，即可擦干净。整体采用纳米涂层技术的厨房，其清理会变得简单方便，不容易脏污，更重要的是能够防霉、抑菌，避免出现发霉的异味。使用复合杂化纳米技术的纳米涂层，不仅清洁性能强，还有耐抗磨等物理特性，起到保护的功能。

2.超声波清洁技术

超声波的频率在 20 000 Hz 以上，超出了人类的听觉范围，因此被称为超声波。超声波因穿透力强、传播距离远、方向性好，在各行各业中都有着广泛的应用。在医疗上，超声波可以进行胆结石等结石病的碎石，避免了手术，减小了对患者造成的创伤。在军事上，可以用超声波测距、测速。在工业上，可以应用超声波进行杀菌、消毒、焊接等。超声波还具有良好的清洁功能，在厨房节水产品创新设计中的应用主要体现在其清洗功能上。众所周知，厨房的清洁问题一直困扰着每个家庭。厨房油污、油烟的附着能力强，不易清洁，在洗碗、筷等餐具抑或是擦橱柜、台面、洗菜池都需要耗费大量的水。如果能让清洁变得简单、轻松，也就可以节省很大一部分清洁用水。洗碗机就是采用了超声波技术，相比于手洗餐具，洗碗机用水少的同时清洁效果也更佳。超声波洗碗机的原理在于超声波能够产生空化效应。空化效应中产生的气泡爆炸后轰击要清洗的物质，使它们从物体表面脱落下来，完成清洁。空化过程中产生的热效应还具有杀菌、消毒的作用，让餐具清洁更彻底。最开始洗碗机的原理和洗衣机相似，采用的涡流洗涤原理，但这种方式耗水量大、效果差、费电。使用超声波清洁技术并对结构进行改进后，洗碗机技术已经相当地纯熟，减少了耗水量，提升了清洁能力。如图 4-11 所示为集成水槽和洗碗机的一体机，使用起来方便、节水、清洁效果好，还具有杀菌、预约等功能。据统计，使用洗碗机可以节约大量的水。用洗碗机洗一次餐具要比手洗少用几十升的水。我国有近 5 亿家庭，如果全国所有家庭都使用洗碗机代替手洗餐具，那么节省下来的水足够全球人饮用一年。使用超声波洗碗机既省时省力，减轻劳动负担，又可以做到更彻底、有效地杀死餐具中的各种病毒。

图 4-11　超声波洗碗机

超声波清洁技术不仅应用在洗碗机上,电动牙刷也采用超声波技术进行牙齿的清洁,可以有效地清除牙齿内的细菌和食物残渣,保护牙齿健康。同理,在厨房节水上我们可以通过超声波的超强清洁能力来减少用水量。除餐具外,厨房需要清洁的地方还有很多,大部分也都需要用水。如果设计出像电动牙刷一样的超声波清洁器来打扫厨房的死角、顽固污渍,相信可以起到很好的成效。厨房节水就是要一点一滴,尽可能地挖掘,才能从整体上看出厨房节水的效果。

## 二、洗浴用水

清洁的软水,洗漱后皮肤光滑,头发柔软,而且可减少洗涤剂残留。

### (一)洗浴选用的水质

1.自来水

城市与大多乡镇均有现成的自来水,水质可靠,可直接用于洗浴。但有时水中消毒物质过浓,可嗅到一股不好的气味,不适宜直接洗浴。因此,多采用晾晒的办法,其实城市中养花养鱼的人正是采用这种方法,即提前将水放入盆、池中 8~12 h;如在室外晒 4 h 以上则更好。当然,晾晒最好不超过 2 d。

2.雪水

常用雪水洗澡,可以增强皮肤的抵抗力,促进血液循环,减少疾病。

试验研究表明,雪水中所含的重水成分比普通水少25%,而重水对人体的新陈代谢和血液循环有抑制作用。研究还表明,雪水中所含的酶的化合物比普通水多,可使血中胆固醇含量显著降低,能防治动脉硬化症。

3.蒸馏水

蒸馏水可以缓解晒后肌肤红肿、发痒的症状,使用蒸馏水用冷敷的方法来降低皮肤的温度,减轻损伤。蒸馏水就是利用蒸馏的方法将水蒸汽化,使水蒸汽凝成水。在蒸馏水制作的过程中,可以除去水中重金属离子,所以对肌肤有一定的辅助效果。但是在蒸馏水制作的过程中,还会除去人体所需的微量元素,没有除去低沸点的有机物,长期使用也是对肌肤不益的。蒸馏水不仅可用在护肤上,像医学、学校里的化学试验、生活中等用到的地方还是很多的。

蒸馏水可以制作成水膜使用,水膜使用后会使肌肤更滋润,改善肌肤干燥起皮的状态,避免肤色过于暗沉的现象,达到长期保湿补水的功效,使肌肤更水润、有光泽。在使用蒸馏水敷水膜的时候,一定要保证面部的清洁,毛孔的通透。可以先使用比较温和的清洁类产品,然后把面部的油脂和污垢清洁干净,避免毛孔的堵塞。面部干净之后再选择使用蒸馏水水膜,在使用的过程中,让毛孔处于张开的状态,肌肤也能更好地吸收水膜中的补水成分,达到长效保湿补水的作用,让肌肤更加光滑和细嫩。

4.矿泉水

矿泉水是从地下深处自然涌出的或者是经人工揭露的、未受污染的地下矿水;含有一定量的矿物盐、微量元素或二氧化碳气体;在通常情况下,其化学成分、流量、水温等在天然波动范围内相对稳定。矿泉水是在地层深部循环形成的,含有国家标准规定的矿物质及限定指标。

因为纯天然矿泉水富含偏硅酸,在为皮肤补充水分的同时,偏硅酸被充分吸收,从而增加皮肤弹性,加速黑色素沉淀排出,增加皮肤白亮光度。矿泉浴办法很多,较多见的有浸浴、直喷浴、运动浴三种。

1)浸浴

浸浴是使用最广泛的一种办法,可用盆浴或池浴进行。依据浸浴的部位,又分为半身浸浴和全身浸浴。

(1)半身浸浴。

浴者坐在澡堂或浴盆内,上身背部用浴巾覆盖避免受凉,本浴法具有振奋、健身和冷静作用。

振奋性半身浴:开始温度可为38~39 ℃,根据机体的适应程度,每浴1~2次把矿泉流温度下降0.5~1 ℃。浴后擦干肌肤避免受凉。本法可用于健康者和健康状况较好的神经衰弱及抑郁症病人。

健身性半身浴:此浴法与振奋性半身浴相似,肌肤冲洗可不必激烈用力,水温可从38~39 ℃开始,逐渐下降到35~36 ℃。这种浴法适用于体质较弱或久病初愈恢复期的人。

冷静性半身浴:这种浴法的水温可从38~39 ℃开始,沐浴时,安静地浸泡在矿泉流中,10~15 min,这种办法具有冷静作用,适用于神经振奋性增高的人。

(2)全身浸浴。

沐浴者安静仰卧浸泡在浴盆或澡堂里,水面不超越胸部,避免影响呼吸和心脏功能。全身浸浴依据水温不一样又可分为以下几种:

凉水浸浴:水温在33~36 ℃,8~10 min,这种浸浴有解热及健身作用,常用于健康调理训练。

温水浸浴:水温在37~38 ℃,15~30 min,这种浸浴具有冷静、催眠、减轻血管痉挛作用,对冠心病、高血压、关节炎等有保健作用。

热水浸浴:水温在39~42 ℃,5~30 min,这种浸浴对神经有振奋作用,能促进全身新陈代谢,但对心脏血管负担较大。这种热矿泉浴对肌肤病和关节炎等有较好作用,老年人和心血管功能不全者使用时须慎重,浴后应适当歇息,补充饮水。

2)直喷浴

设有专门设备,浴者立于距操纵台2~3 m处,另一人持水枪,用1~3个大气压,38~42 ℃的热水喷洒浴者全身或部分,每次3~5 min,本法多用于医治腰部疾患。

3）运动浴

浴者在类似游泳池的大澡堂内，做各种医疗体操动作。如折腰、行走、下蹲、举臂、抬腿等，每次20～25 min，每日1次。本法多做恢复功能训练用。

**（二）洗浴废水特点及处理技术**

1.洗浴废水的分类及特点

洗浴废水按照来源不同可分为公共浴池洗浴废水、学校洗浴废水和居民洗浴废水三大类。其中，公共浴池洗浴废水和学校洗浴废水每天的排放水量较为稳定，适宜集中收集处理回用，居民洗浴废水因排放水量和时间具有不确定性，所以一般直接排入地下管道。

洗浴废水的特点如下。

1）水量比较大

一个普通的公共浴池每天洗浴人数按数百人来计，其废水排放量在100 t以上，人均洗浴的用水量为0.3～0.5 $m^3$。

2）蕴含着丰富低品位热能

在排放口的洗浴废水温度通常介于27～35 ℃，从技术上来说，可以通过换热装置即换热泵，将这部分废水中的余热收集起来充分利用，节约能源。

3）污染物比较简单

自来水通过加热的方式具有一定温度后成为洗浴水。洗浴废水主要含有人的皮肤代谢产物、皮肤上的一些油类物质、毛发及各种洗浴用品成分，同时会含有一些细菌，如大肠杆菌等。在指标上表现为浊度、色度、阴离子洗涤剂、BOD、COD、细菌总数、大肠杆菌总数等，一般不会有有毒有害离子砷、铅、铬、铜、锰等的污染，所以处理起来也比较简单。

2.洗浴废水的处理工艺

洗浴废水的处理方法分为物化处理方法、生物处理方法、膜处理法和组合处理法。

1）物化处理方法

（1）气浮处理法。通过加压罐加压使空气溶解到洗浴废水中，然后洗浴废水从罐内流出后，压力减小，空气会以微细气泡的形式从废水中溢出,与杂质和絮粒黏附并将其带出水面,完成固液分离。气浮法具有占地面积小、反应时间短、反应器体积小的特点,可以有效去除洗浴废水中的絮凝体与阴离子洗涤剂(LAS)氧化有机物。

(2)混凝处理法。通过向废水中投加混凝剂从而使废水中的细小颗粒物互相聚集结合在一起形成大的颗粒物而去除。洗浴废水的温度在27~35 ℃,pH显弱碱性,这些特点都有利于絮凝。

混凝处理法的特点是:混凝剂的种类比较多,价格比较低,在一般的市场上很容易买到。但是该法对洗浴废水中的LAS和病毒类物质处理效果欠佳。陈钦安等发现运用聚合氯化铝对洗浴废水进行处理时,可以将洗浴废水中的大量有机物除去,COD值远远低于生活杂用水标准要求,仅细菌总数超标。

2)生物处理方法

生物处理方法是通过微生物的代谢将废水中的有机物转化成稳定的无机物的过程。该方法在废水处理中应用较广,但是由于微生物降解有机物的速率较慢,因此需要较长的停留时间,构筑物的体积也比较庞大。洗浴废水中含有的有机物成分比较少,不利于活性生物成分的生长和驯化,同时洗浴废水中的阴离子洗涤剂不容易被微生物降解,所以该方法一般与其他方法联合使用来处理洗浴废水。

3)膜处理法

膜处理法是利用具有选择通过性的膜材料作为分离介质,在膜的一侧加上动力,使供给侧的组分有选择性地通过膜材料,这样就可以将不同的组分进行分离,该法不仅可以净化废水,还可以将废水中的有用成分进行回收。

4)组合处理法

组合处理法处理洗浴废水的方法有很多:电絮凝组合气浮法、生物活性炭组合处理法、膜生物反应器组合处理法、过滤/超滤生物活性炭组合处理法。近年来兴起的有微絮凝纤维球过滤-超滤-纳滤组合工法、电絮凝-超滤集成技术。

电絮凝组合气浮法由电解、絮凝和气浮三部分组成。该法在废水中放入的阳极材料一般为Al或者Fe,通电后形成原电池。在阳极产生氧气,阴极产生氢气,同时阳极材料会变成离子融入废水中。形成的金属阳离子成为很好的絮凝剂,将使分散在废水中的微小物质结合在一起形成大的絮凝体,随着产生的氧气泡和氢气泡带出水体。电絮凝组合气浮法不用投加絮凝剂,没有阴离子及其他物质生成,不需要对废水进行加压。

生物活性炭组合处理法是活性炭吸附与生物处理方法相结合的一种方法。活性炭是一类具有较大比表面积的物质,具有很高的吸附能力,可以有效地去除水体中的各种污染物。将具有生物活性的工程细菌人为地种植在活性炭的表面形成具有净化水质作用的生物膜。

膜生物反应器组合处理法是膜分离技术与生物处理技术相结合的一种方法。利用膜分子技术的高效性来取代传统的污泥沉降池,使泥水的分离率大大提高。膜生物反应器组合处理法的特点:有机物去除率高、水质良好、出水稳定、污泥产生少、设备占地较小、操作维护方便,但是建设成本较高,成为制约其大规模推广的因素。

过滤/超滤生物活性炭组合处理法、微絮凝纤维球过滤-超滤-纳滤组合工法、电絮凝-超滤集成技术均是将不同种类的洗浴废水的处理方法结合在一起达到最佳处理效果的方法。这些方法各有各的特点和优势,根据水质的不同可以采用不同的组合方式进行处理。

## 三、洗衣与清洁

我们对纺织品织物的洗涤大部分是采用水洗的方法,在水洗过程中有一个很重要的洗涤条件,那就是水,在水洗过程中,水质的软硬度在洗涤过程中起着非常重要的作用。通过对水质的了解,正确使用才能在洗涤过程中对洗涤物达到最好的洗涤效果。

### (一)洗涤用水

水洗是洗涤业重要洗涤方式,是以水作为媒介进行的。布草织物水洗效果好坏取决于洗涤过程中的每一个洗涤流程,然而在洗涤过程中的预洗、主洗、漂洗、投水、中和、柔软等操作过程中都离不开水,所以水在水洗过程中极为重要。

### (二)洗涤用水要求

水的优缺点如下：

优点：无色、无味、不燃，具有溶解力、分散力和渗透力，丰富、廉价。

缺点：表面张力大，对油脂无溶解力，含金属盐，如钙盐、镁盐等。

软水、硬水的区别，以含可溶性杂质碳酸钙的数量来划分：

水的硬度是指水中钙、镁离子的浓度，硬度单位可用 ppm 表示，1 ppm代表水中碳酸钙含量 1 毫克/升(mg/L)。

极软水：百万份水中含碳酸钙 15 份以下。

软水：百万份水中含碳酸钙 15~50 份。

中等硬水：百万份水中含碳酸钙 50~100 份。

硬水：百万份水中含碳酸钙 100~200 份以上。

### (三)硬水在洗涤过程中的危害

我们平常使用的水中含有一定量的钙、镁等离子，水质有软硬之分，硬水在洗涤过程中不仅会减弱洗涤剂的作用，水中的钙镁等离子还可能与洗涤剂结合生成某些化合物。硬水的危害如下：

可产生钙镁离子，它能大量吸收肥皂分子，并与肥皂分子结合，生成钙镁皂。钙镁皂本身就是一种污垢，人们叫“皂垢”“碱花”，钙镁皂的残垢难以除净，硬水中钙镁离子在织物上的沉积，会使白色织物发灰，破坏纤维和色泽，使衣服、棉织品变得略硬，失去光泽，改变色光，严重的则形成色花、色绺，对纤维的危害性更大，出现变脆、折断、牢度降低等情况。

铁在水中以离子或离子化合物的形式存在，沉积在织物上或成为棕色斑点，使白色织物整体变黄，使带色织物色泽变暗，并对漂白剂具有一定的催化作用，使织物牢度下降，严重时会导致织物破损。

用硬水洗涤还会堵塞管路，降低热传导，缩短洗涤设备使用寿命，增加洗衣成本。

### (四)水的软化

洗涤用水的水质超过一定硬度标准，影响洗涤质量，就需要对硬水进行软化。软化方法一般有以下两种。

1.化学软水法

在水中加碱、磷酸三钠、软水剂、六偏磷酸钠。在洗涤过程中加入一些纯碱，随着水温上升，水中钙、镁离子与纯碱生成碳酸盐沉淀，从而降低水的硬度。用纯碱软水法操作简单，但由于碳酸镁在水中有一定的溶解度，软水效果相对差一些。

络合法是采用一些能与水中钙、镁离子起化学作用的物质，生成可溶性复盐或络合物。如六偏磷酸钠、磷酸三钠能与水中的钙镁离子形成稳定的水溶性络合物，可在低温情况下降低水中碳酸钙含量以达到软水的效果。六偏磷酸钠的用量视水质软硬情况，一般按0.1%~0.2%的比例加入水中即可满足要求。此外，也可采用加热煮沸法，即将硬水煮沸后冷却，水中的杂质遇热超过某个极限后产生沉淀，水质则相对变软。

2.离子交换法

离子交换法是使用离子交换剂来软化水的方法，目前普遍使用离子交换剂。高分子交换树脂是一种不会溶解的固体物质。当硬水通过阳离子交换树脂时，水中的钙镁离子由于发生交换并被吸附，当离子交换树脂上的钠离子被钙、镁离子交换时，就失去了交换离子的功能，必须通过再生恢复交换能力，食盐可作为再生剂。

**(五)水对纤维的影响**

水是一种良好的湿润剂，并具有渗透性，可以分解污垢的纤维界面，降解污渍对纤维的黏合力。

在洗涤过程中，若操作不当，会对织物造成一定的影响。水在洗涤过程中是介质，各种织物在水中的拉伸强度和长度都会不同程度地发生变化，各种纤维遇湿后对洗涤机械力的选择十分重要。

如棉纤维、麻纤维遇湿后伸长率变化小，而强度却有所增加，十分适合水洗。而毛纤维、丝纤维遇湿后伸长率变化大，水洗后易变形，耐拉力下降，强度也下降。粘胶纤维如人造丝、人造毛、醋酸纤维等水洗时，耐拉力下降50%左右。所以，在水洗过程中设定洗涤时间、洗涤温度及洗涤机械力时应十分注意，以免损坏织物。

### （六）水对织物耐拉力的影响

织物遇湿后纤维在强度方面会发生一些变化，如棉纤维湿强度略低于干强度，麻纤维湿强度高于干强度。织物吸湿后不同的纤维会产生不同的耐拉性能的变化，一般情况下，人造纤维低于天然纤维，天然纤维又低于合成纤维。人造纤维如粘胶纤维、醋酸纤维湿润后耐拉强度下降 50%左右，羊毛纤维下降 14%左右，而麻纤维耐拉强度反而增加 5%，所以在机械洗涤时要选择适度的机械力，防止织物变形及对织物造成损坏。

### （七）水对织物色泽的影响

带颜色的织物在水洗过程中，对色泽会有一定的影响，掉色、褪色与材料的品种有极为重要的关系。一般染色要求色泽鲜艳、色谱齐全、耐洗、耐日晒、牢度好，但所有染料都不是十全十美的，如直接染料色泽鲜艳、色谱齐全，但是不耐洗、不耐日晒、牢度差，如用此种染料染色的织物在水洗过程中易褪色。

色牢度较好的染料一般有酸性染料、还原染料、硫化染料、分散染料、阳离子染料等，这些染料在水中不易掉色、褪色。

### （八）洗涤用水的要求

在洗涤过程中，由于硬水会造成织物损伤，因此大多数洗衣厂都安装了软水处理设备，在发达国家，一般在自来水厂就进行了专门的消毒过滤和软化处理，可以达到直接饮用标准和洗涤用水标准。我国自来水是按城市生活用水标准生产的，但作为洗涤用水不理想。

我国生活用水部分标准：

pH 6.5~8；

总硬度不超过 446 mg/L；

铁不超过 0.3 mg/L；

锰不超过 0.1 mg/L。

洗涤用水要求：

pH 6.5~7；

总硬度不超过 50 mg/L；

铁不超过 0.1 mg/L；

锰不超过 0.05 mg/L。

# 第五章　水的功能功效

## 第一节　水的营养功能

### 一、水中的营养物质与人体健康

《本草纲目》记载:水是百药之王、营养之首,健康好水就是百药之王。水,是最古老的良药;水,是最廉价的药。俗话说:“民以食为天,食以水为先。”

有人说:水不是药,但比药重要;水不是食物,但比食物重要。好水是百药之王,好水是长寿之源。我们常听到医生叮嘱病患要多喝水,久而久之,习惯成自然。事实上,喝水不是仅为了解渴,而是从水中寻找健康,水是生命之源,更是健康之本。美国著名医学家巴特曼博士指出:水是最好的药,人的所有疾病,都是因缺少水造成的,没有水,氧气不能运到所需部位,缺乏氧气伴随而来的就是严重疾病的产生。《本草纲目》中有专门叙述《水部》,“水为万化之源,土为万物之母。”认为饮食是人生的命脉,而人的饮食均源于水土。“好水是百药之王,坏水是万病之源。”

传统养生是中国 5 000 年文化传统的重要组成部分,是个常话常新的话题。然而,现实的情况却是,社会上存在着数量可观的“亚健康”人群,统计资料显示,成年人中各种与饮食、生活方式相关的疾病,如高血压、高血脂、糖尿病等“富贵病”人群日益增加,青少年的体质、身心健康都存在很大问题。因此,在今天,如何科学养生,就显得十分重要。中国有句古话,叫作“药补不如食补,食补不如水补,水是百药之王”,健康养生应由“饮水”养生开始。健康是生命质量的基本保障,科学证明,人体健康15%来自遗传,85%来自环境因素。而饮食是环境因素中最重要的、每日都离不开的物质因素。饮食中包括了两方面的内容,一是饮,二是食,“饮食”中“水”字为先。生命的起源、孕育均离不开水。地球有不需要阳光的生物,有不需要氧气的生物,但没有不需要水的生物。人如果不吃饭,仍能存活几周;但要是不喝水,几天后就会脱水而死。我们身体 2/3 以上的成分是水,水本身就是一种最重要的营养素,任何饮料、包括任何单一指标的处理水都无法替代。因为水比较容易得到,所以在日常生活中往往被人们所忽视,实际上水是人体内重要的宏量营养物质,约占人体重的 70%。营养物质又称营养素,按其生理功能分为三大类:

结构营养物质——蛋白质、脂肪、碳水化合物、常量矿物质等;

调控营养物质——维生素、微量元素、激素等;

媒介营养物质——水。

水是结构营养物质、调控营养物质在人体内代谢过程的媒体和代谢产物的输送载体。水是生理之河,在这条河中维持生命所需的营养素在各自的代谢途径上航行,没有水,其他所有营养物质就像干枯的河床上干透的泥沙。当人体失水量达到人体重的 2%时,便产生口渴感,失水达 3%以上,人就感到乏力、抑郁和无尿,当失水大于 20%而又得不到补充时,就无法进行氧化还原、分解合成等正常生理活动,进而危及生命。水主要负责消化食物、传送养分、保持各关节和内脏器官的湿润,调节人体的温度。当水充足时,人体的各个组织都能有效地工作。但是当缺水时,就会导致身体疼痛、组织损伤和各种各样的健康问题。

根据研究,诸如气喘病、过敏症、高血压、高胆固醇、头痛、周期性偏头痛等症状,都可以通过充分饮水得到缓解。

## 二、水中的微量元素与人体健康

微量元素与身体健康是生命科学中一个活泼的研究领域。在日常生活中,人体通过饮水吸收的微量元素亦占有相应的比例,下面仅就微量元素与人体健康的一些基本知识做一些简单的介绍。

人体营养中有 11 种主要元素,按所需多少顺序递减为氧、碳、氢、氮、钙、磷、钾、硫、钠、氯、镁。前四种占人体重的 95%,其余约占体重的4%,另外人体尚有维持生命活动的“必需微量元素”,约占体重的1%都不到。每种微量元素含量均小于0.01%,它们是铁、铜、锌、锰、碘、钴、钼、硒、氟、钡等。

人体内的微量元素有一定的适宜浓度范围,超过或低于这个范围都会引起疾病,微量元素的生物功能至今了解不多,现将一些微量元素对人体的影响列表,如表5-1所示。

**表5-1　微量元素对人体的影响**

| 微量元素 | 功能 | 主要症状 |
|---|---|---|
| 铁(Fe) | 输送氧 | 过多:青年智力发育缓慢、肝硬化 |
| | | 缺乏:缺铁性贫血、龋齿 |
| 铜(Cu) | 胶原蛋白和许多酶的重要成分 | 过多:类风湿性关节炎、肝硬化 |
| | | 缺乏:低蛋白血症、贫血、心血管受损、冠心病 |
| 锌(Zn) | 控制代谢的重要部位 | 过多:头昏、呕吐、腹泻 |
| | | 缺乏:贫血、高血压、食欲缺乏、味觉差、伤口不易好、早衰 |
| 碘(I) | 甲状腺中控制代谢过程 | 过多:甲状腺肿大、呆滞 |
| | | 缺乏:甲状腺肿大、疲怠 |
| 钴(Co) | 维生素B12的核心 | 过多:心脏病、红细胞增多 |
| | | 缺乏:巨红细胞贫血、心血管病 |
| 铬(Cr) | 使胰岛素发挥正常功能 | 过多:肺癌、鼻膜穿孔 |
| | | 缺乏:糖尿病、糖代谢反常、粥样动脉硬化、心血管病 |
| 硒(Se) | 正常肝功能必需酶的重要部位 | 过多:头痛、精神错乱、肌肉萎缩、过量中毒致命 |
| | | 缺乏:心血管病、克山病、肝病、易诱发癌症 |
| 钼(Mo) | 染色体有关酶的重要部位 | 过多/缺乏:龋齿、肾结石、营养不良 |

(一)锌

锌早期被人们认为是促进儿童生长的关键元素和智慧元素,现在已知它是维持人体各种酶系统的必需成分,还是构成多种蛋白质分子所必需的元素,而蛋白质则构成细胞。所以,几乎所有的锌都分布在细胞之内。现在,许多研究报告都说明锌具备多方面的生理功能,是一种对人生命攸关的元素。当人体缺锌时,可引起一系列的生理紊乱。尽管锌对人体有着如此重要的作用,但是过多地摄入也是有害的。一般认为人每天需锌 10~14.5 mg,多从食物和饮水中获取。

(二)铁

铁是哺乳动物的血液和交换氧所必需的。没有铁,血红蛋白就不能制造出来,氧就不能得到输送,导致缺铁性贫血。值得注意的是,即使是轻度缺铁的儿童,他们的注意力也会明显地降低,从而影响其学习能力。人们从膳食中,比如谷类、肉类、蔬菜、水果中都能获得一定的铁。估计日摄入量为 10~15 mg,同时从饮水中也可获得一定量的铁。

(三)锰

锰参与造血过程,并在胚胎的早期发挥作用。各种贫血的病人,锰含量多半降低,在缺锰地区,癌症的发病率高。有人在研究中还发现,动脉硬化患者是由于心脏的主动脉中缺锰,因此动脉硬化与人体内缺锰有关。另外,在精氨酸酶、脯氨酸钛酶的组成中,锰是不可缺少的部分,它还参与造血过程和脂肪代谢过程。

(四)铜

铜是人体代谢过程中的必需元素,在红细胞的生成组织中,以及骨骼中枢神经系统和结缔组织的发育过程中,它均具有重要的作用。例如,它可以促使无机铁变为有机铁,促进铁由贮存场所进入骨髓,加速血红蛋白及卟啉的生成,在氧化还原体系中是一种极有效的催化剂。缺铜会引起贫血,并由于黑色素不足,常形成毛发脱色症,甚至可产生白发病。有研究证明,缺铜可引起心脏增大、血管变弱、心肌变性、心肌肥厚等症状,故与冠心病有关。

(五)钴

钴对人体的功能主要是通过维生素 $B_{12}$ 在人体内发挥其生理作用,

其生化作用是刺激造血，促进动物血红蛋白的合成；促进胃肠道内铁的吸收；防止脂肪在肝脏沉积。人若缺钴，就会引起巨细胞性的贫血，并影响蛋白质、氨基酸、辅酶及脂蛋白的合成。在一些风化火成岩层以及超基型岩层中的矿泉水，钴的含量较高。

### （六）钼

饮水中钼含量很低，一般低于 1 mg/L，这也是人体缺钼的原因之一。缺钼地区的人群食管癌发病率较高。我国食管癌集中高发区的调查资料表明，病区饮水中缺钼、铜、锌、锰等，钼摄入过多或缺乏会引起龋齿、肾结石、营养不良。

### （七）铬

铬具有从 $Cr^{3+}$ 到 $Cr^{6+}$ 的氧化物形态。但在自然界，主要是以 $Cr^{3+}$ 最为常见，作为人类必需的微量元素所起的生理作用，也是限于 $Cr^{3+}$ 的形态。当前大量研究成果表明，$Cr^{3+}$ 对人体的生理功能，主要是对葡萄糖类和类脂代谢以及对于一些系统中氨基酸的利用是非常必需的。因此，缺铬易导致胰岛素的生活活性降低，从而发生糖尿病。对于一些来自饮水中铬含量低地区患蛋白质缺乏症的儿童，用铬剂进行治疗后，恢复了他们对葡萄糖的正常消化力。目前，人类对铬的需要量尚未见到明确的报道，从摄取和吸收的情况来看，每天摄入 50～110 mg 是可以满足生理需要的。

### （八）钒

钒具有一定的生物学活性，是人体必需的微量元素之一。钒对造血过程有一定的积极作用，钒可抑制体内胆固醇的合成，有降低血压的作用。动物缺钒可引起体内胆固醇含量增加，生长迟缓，骨质异常。

### （九）硒

硒作为人体所需微量元素，在防癌、抗癌、预防和治疗心血管疾病、克山病和大骨节病等方面有重要作用，是保持人体健康的必需营养性微量元素。硒在人体内主要功能如下：首先硒是组成各种谷胱甘肽过氧化酶的一个重要元素，参与辅酶 A 和 Q 的合成，以保护细胞膜的结构；其次是具有抗氧化性，能够有效地阻止诱发各种癌症的过氧化物的游离基的形成。有报道指出：硒的抗氧化作用与维生素 E 相似，且效力更大,此外硒还能逆转镉元素的有害的生理效应。中国科学院克山病防治队根据国内、外研究成果,认为成年人每日最低需硒量为0.03~0.068 mg,过多地摄入也会出现慢性中毒症。

**(十)碘**

碘是人体必需的微量元素,人体缺碘,可以导致一系列的生化紊乱及生理异常,但补充大剂量的碘,又会引起甲状腺中毒症,人长期摄入过多的碘不但无益,反而有害。

**(十一)氟**

氟是人体所必需的微量元素。对人体而言,它在人体内的浓度取决于外界环境状况。当环境中含氟量高时,特别是饮水中含氟量高时,摄入量就多,环境缺氟时,体内亦随之缺乏。一般认为:人对氟的生理需要量为0.5~1.0 mg/d。成年人在正常情况下,每天可从普通饮水、饮食中获得生理所需的氟。由于从饮水所获得的氟几乎安全被吸收,因此饮水中含氟量对人体健康的影响有着决定性的作用。饮水中含氟量在0.5~1.0 mg/L为适宜范围;当饮水中含氟量为1.5~2.0 mg/L时,有时会出现斑釉齿而影响美观;而含量达到3~6 mg/L时,就会出现氟骨症。摄入氟量每日不超过4~6 mg时,在体内氟不会有累积现象产生。

氟对人体的生理功能,主要是在牙齿及骨骼的形成、结缔组织的结构以及钙和磷的代谢中有重要作用。适量的氟进入人体后,首先渗入牙齿,被牙釉质中的羟磷灰石所吸附,形成坚硬致密的氟磷灰石表面保护层。这层保护层使釉质在酸性质条件下不易溶解,抑制嗜酸细菌的活性,阻止某些酶对牙齿的不利作用,从而能阻止龋齿的发生。据研究:饮水中含氟量低于0~0.3 mg/L时,长期饮用,而从食物渠道又得不到应有的补充时,就会造成龋齿症,儿童尤为突出,老年人还会出现骨骼变脆,易发生骨折。为此,常在这样地区的给水中加入氟化物,使含氟浓度为0.6~1.7 mg/L。以每人每日水的摄入量为2 L计,则加氟化物的范围为1.2~3.4 mg。当摄入过多的氟时,又会出现氟斑牙及慢性氟中毒症,这是一种严重危害人类的疾病。它使人的牙齿易于脱落,肢体变形,全身关节疼痛,严重影响人体健康,因此当饮水中氟含量过高时,必须采取降低氟的措施。

微量元素对人体必不可少,但是在人体内必须保持一种特殊的平衡状态,一旦平衡被破坏,就会影响健康。至于某种微量元素对人体是有益还是无害则是相对的,关键在于适量,至于多少才是适量,以及它们在人体中的生理功能和形成的结构如何等,都值得做进一步的研究。

## 第二节 常见水的临床功效

随着利水中药在现代疾病治疗过程中的广泛应用,如高血压、肺心病、肾病、肝炎、肝硬化、肺水肿及哮喘等,梳理总结中医学概念的“水”“水病”及“水病”相关治疗方案变得更为重要。

### 一、健康喝水预防常见疾病

水是人类生命的“甘露”。专家们曾如此建议,一个健康的人每天至少要喝 8~10 杯(每杯 240 mL)水。人活着就要喝水,水是生命之源。在人体中,水的重量占体重的 65%~70%,人的新陈代谢就是通过水为介质来进行的,所以,水就如空气、阳光一样是生命生存的最基本要素。在正常情况下,成人每天需要水 2~2.5 L,儿童约需 1.5 L。美国加利福尼亚州洛杉矶国际体育医药研究所提供的每天饮水量是:假如运动不多,每公斤体重应喝水 30 mL;假如是运动员,每公斤体重应喝水 40 mL。

水不仅是人类生命的源泉,也是创造一切生灵的源泉,因为生命现象最早发生在海洋,有史以来,水流向哪里,总是带给自然界丰沛、肥美和绿的希望。水是生物体内的琼浆玉液,也是人类文明史上珍贵的财富。

过去提出的生命衰老理论,多从遗传基因方面考虑。巴基斯坦一位生物学家经过多年研究,提出了一个新观点:体内的水失去平衡是衰老的主要原因。这位科学家认为,水是生物体中提供能源的重要物质,也是各种营养物的传送媒介。生命在新陈代谢过程中会产生一种失水代谢物。该代谢物若在生物体中的毛细管积累,阻碍体内液体流动,就会使新陈代谢变慢,表现在人体就是衰老开始。因此,要想长寿,就必须保持水平衡最佳状态,平时多喝水,多吃新鲜蔬菜水果。

水是人体生命活动必不可少的重要物质,每颗水珠的平均直径为5.5 mm,它由100万个微粒组成,每个微粒中有好几百万个水分子。在一颗水珠里存在着大量异物,如藻类、孢子、矿物质、灰粒等。人体组织65%由水组成,血液的80%是水。水为我们在体内输送盐分、脂肪、激素等。水还起散热作用,通过毛孔使水分蒸发,带走热量,才使我们的肌体避免过热。水有溶解各种物质的特性。它能帮助消化、滋润皮肤、润滑组织细胞、调节体温等。它与体内无机盐类保持一定的平衡作用。水在体内参与消化并将养分送到全身各器官,又将体内的废物通过肠、肾与皮肤排出体外。夏天体内水分可以吸热并通过皮肤出汗而散热;眼内的水分可润滑眼球;唾液与胃液可以帮助吞咽和消化食物;肺部潮湿有水分,才能呼吸。人体缺水,就无法溶解并排出体内的尿酸、尿素、肌酸和氨等废物。如果出汗过多,或者由于腹泻等引起失水,人就会头晕、乏力、口干、消瘦,就需要赶快补充液体。一个健康的人每天平均要饮用3 L左右的水,在炎热的夏季参加体力活动的人一天甚至要饮用十多升的水。水和空气、食物一样是生命活动中不可缺少的物质。一个人如果没有水,4天左右就会进入昏迷状态,8~12天就会死亡。如果有水而没有食物,生命往往可以维持21天左右。

专家认为:若不喝水,会因自身产生的废物而中毒。当肾排走尿酸和尿素时,这两种东西必须溶于水中。如果人体内没有足够的水分,废物便不会有效地排泄,其中的物质积聚起来形成肾结石。水分对消化和代谢的化学反应也是必不可少的——它将养料和氧气通过血液带到细胞,并通过排汗帮助冷却身体。水分还是人体关节的润滑剂。

人体需要水来帮助呼吸,肺必须是湿润的才能吸进氧气,呼出二氧化碳。

单是呼吸就可能每天消耗约0.5 L水。因此,如果不喝够水,人体的各种生理机能都可能受损。一位美国肥胖症治疗专家说:要是不喝足水,许多人就会出现体内脂肪过剩,肌肉弹性下降,消化功能减弱,体内毒性增加,关节和肌肉酸痛,水分潴留。水分潴留的原因是不喝够水。专家们还认为，喝适量的水是减肥的一个关键。想要减肥的人如果不喝够水，体内就不能充分地代谢脂肪。

实践证明，人体失去10%的水，就会产生酸中毒，失去20%～25%的水分就会死亡。水是构成全身组织和液体的主要成分，它能调节体温，在人体内是主要的溶剂，一切生理代谢活动都在水中进行，从而来完成体内物质的吸收和运送，如养料、氧气的运送和废物的排出。水还能调节生理机能，使肌肉、皮肤更富于弹性。

至于水的需要量，则取决于机体新陈代谢过程中消耗的多少，还因年龄、环境、活动量、食物的质量以及健康的状况不同而不同。婴幼儿时期，年龄越小，对水的需要量则越多。幼儿期体内水分相对较成人多，为体重的70%～75%。当气温高、湿度小、活动最大时，应有较多的水来补偿消耗；在发烧、呕吐、腹泻时更应注意补充水分。一个健康成年人每天平均要喝3 L水，若1天喝1 L水，只能勉强地活下去。身体高大的人，要比瘦小的人多喝一些水。哺乳妇女，要分泌奶水，每天要多喝1 L水。在炎热的夏天，大量出汗，要喝更多的水。气温在38 ℃时，参加劳动或体育活动，喝水成几倍增加，有时一天能喝进去15 L水。老年人要多喝点水。因为步入花甲以后的老人，体内水分会随年龄的增长而逐渐减少，呈现慢性脱水现象。如皮肤细胞水分减少，使皮下脂肪和弹性组织减少，皮脂腺分泌降低，皮肤变得干燥、皱纹增多；水分不足还会影响唾液、胆汁、胃液分泌，老人因而会感觉精神萎靡、消化功能障碍、便秘等。老人长时间不饮水，会使体内血液循环中水分降低，易致心脑血管的血栓形成。因此，为了健康长寿，老人要养成即使口不渴也要每天喝点水的习惯。

每日三餐前半小时喝点水，能促进消化液的分泌，增进食欲。

有一些疾病，如糖尿病等，排尿增加，需要随时喝水补充。夏天常常流行腹泻病，病人腹泻呕吐，短时间内可以失去大量水分，严重的能发生休克甚至死亡。这时，紧急补充水分是救命的特效方法。严重的病人，喝水不能被吸收，只好求助于静脉滴注。严重脱水，开始一两个小时就要滴进3～6 L液体，一天要滴进8～12 L液体。人体失去水分，就要补回来，口渴就应喝水。健康人不必担心水分过多，因为人体有一套复杂而精密的自动化控制系统,可调节人体内水的出入量,保持人体内水的平衡。

专家们认为人体饮水与各种疾病有关。如果没有水,人就要被自身产生的废物毒死。人体肾脏消除的尿酸和尿素,都必须靠水溶解,若没有足够的水,废物就不能有效消除,导致积累成肾结石。在消化和新陈代谢的化学反应中,水也起着重要作用,水经由血液运送营养和氧气供给细胞,通过排泄汗液使身体表面降温。人体甚至需要水来进行呼吸,肺必须保持湿性才能吸收氧气而排出二氧化碳,估计人体每天由呼吸散发出几乎半升的液体。若不充足地喝水,那么在人体生理机能上的每个方面皆会受损伤。

## 二、从中医角度简述水的分类及功效

### (一)生理之水

中医理论中关于"水"的概念,内涵丰富,种类繁多。通过对中医古籍文献的归纳总结,可以认为水为形象,饮食所用,质较气重,位在气下土上,性湿寒、味淡、无色;津液为抽象,是水的化身,其中清者为"津",随气而行,流动性大,充皮肤,可从腠理发泄,浊者为"液","流而不行",以液态方式为其生理常态,所处位置固定。

将人体内的"水"分为流质水(排出的形式)和黏滞水(留存的形式)。流质水包括汗液、泪液、唾液、尿液、乳汁、经水等,并非皆水中糟粕排出体外,也可布散于皮肤、肌肉和孔窍等部位,能渗入血脉,滋润脏腑;黏滞水包括血液、精液、胃液、肠液、关节液、骨髓等,通过中焦的作用,输化各种形态,多在骨、脑、脏腑组织。流质水与黏滞水之间无界限,在一定情况下可相互流动转化。津液随人体气化而异名,即《素问·宣明五气篇》所谓"心为汗,肺为涕,肝为泪,脾为涎,肾为唾",又《素问·脉要精微论篇》"水泉不止者,是膀胱不藏也",以及《医学心悟·妇人门·胎漏》中"女人之血,无孕时,则为经水;有孕时,则聚之以养胎,蓄之为乳汁",以上均可视为流质水。而"肾者水藏,主津液"(《素问·逆调论篇》)、"津液调和,变化而赤为血"(《灵枢·痈疽》)、"五谷之津液和合而为膏者,内渗入于骨空,补益脑髓,而下流于阴股"(《灵枢·五癃津液别》)、“饮食饱甚,汗出于胃”(《素问·经脉别论篇》),以及《医学指要·藏府总论》提到的“大肠液”“小肠液”均为黏滞水。

**(二)水液代谢**

《灵枢·决气》认为水液运行“若雾露之溉”。水液在体内的转输、布散应是通过经脉运行全身,涵盖了血管、淋巴管等。人体内而五脏,外而肌肤、七窍、关节等全身各个部位细胞内、细胞外,其水液的分布是动态平衡的。水在脏腑间以“降浊”为驱动,缘于“升清”布散周身,“浊中之清”蒸腾汽化,“清中之浊”化而为湿。虽然中医学所指的五脏与西医的器官定义不同,但中西医在水的吸收和排泄途径方面认识则基本一致。如西医学另辟“代谢内生水”——糖分解代谢产生水和二氧化碳,这与中医学有关脾的运化、肺的宣发肃降和肾的蒸腾汽化理论如出一辙。

《素问·经脉别论篇》“饮入于胃,游溢精气,上输于脾,脾气散精,上归于肺,通调水道,下输膀胱”,《本经疏证》“水者,节制于肺,输引于脾,敷布于肾,通调于三焦、膀胱……”清晰勾勒出水液运行在各脏腑中的路线,阐明水液在各脏腑之间的运化规律。

**(三)病理之水及水病**

凡人体内生化、分泌和排泄流通的液体,皆为“水”之列。此水可从生理以化精,具营养、濡润及运输等功能;亦可因病理而化浊,则成损伤、侵害、阻滞人体之邪。“然水即气也,水聚则气生,气化则水注”(《类经·疾病类》)。水中有气,则为正常水液而能周转运化;水中无气,则聚而成病理之水,如《素问·阴阳别论篇》所谓“三阴结,谓之水”。《金匮要略·痰饮咳嗽病脉证并治》中“水去呕止”所言之“水”亦为病水。

## 三、水病及其辨治

**(一)水病概况**

水肿之病首载于《内经》,皆以具体症状出现,如《素问·水热穴论篇》“水病下为胕肿大腹,上为喘呼,不得卧者,标本俱病,故肺为喘呼,肾为水肿,肺为逆不得卧”,此“水肿”与“喘呼”“不得卧”皆为症状。

《伤寒论》除与《金匮要略》中相同的风水、皮水、正水、石水、黄汗这些病种外,还有如结胸、奔豚这类独有的水病。后世水病名称则发展众多,如肾风、水胀、溢饮、涌水、十水等,通称为"水肿"。这些名词皆可视为"水病"的不同种类,而"水病"二字则总括诸症,当为病名。

中医学的水病并非单指可见水肿之病,而是一个广泛的病理概念,由五脏功能失调,水液代谢障碍,津液不归正化所形成。狭义的水病是指在致病因素作用下,水液生化输布失常,致水液潴留,泛溢肌肤,停蓄胸腹,出现头面、眼睑、四肢乃至全身浮肿、胸腹腔积水的一类病症,被称为"水肿""水胀"等。而中医学的水病诸症涵盖甚广,涉及西医学肾脏、肝脏、心脏、营养代谢、内分泌等多个系统的疾病。

**(二)病因病机**

中医学认为,体内之水在脏腑阳气的气化作用下,以气的形式得以代谢。水得阳,则能为正常水液宜运化;气得阴,则多停留于中积滞成病理之水。纵览历代文献中有关水液疾病的病因病机,大致有外感六淫、水渍妄行、饮食失节、疮毒归内、瘀血阻滞、久病劳损等因素,但也可能与先天禀赋有密切关系。

**(三)治则与治法**

调节水湿是治疗一切水病的总纲。《素问·汤液醪醴论篇》认为水肿治疗当"平治于权衡""疏涤五藏""去菀陈莝""开鬼门""洁净府"。唐宋之前,水肿多从实治,改用泻法;宋之后,或清热解毒,或活血利水,或理气化水,并重视补益脾肾。基于此,可以认为,水病当治水,"利水"二字可囊括水病诸多治法,足以达到使阴阳协调,行气如意,水肿自消。利水之法有泻下利水法、平肝利水法、化湿利水、活血利水、温阳利水、补气利水、滋阴利水、健脾利水及淡渗利水等。泻下利水多用大黄、葶苈子、大戟、甘遂等消痞行水、泄热荡实;平肝利水常选丹参、蒺藜、罗布麻、地龙等通利;化湿利水当酌加路路通、桑枝、厚朴、黄柏等解肌散水、清泄郁热;活血利水用泽兰、桂心、赤芍、益母草等(《医门法律·胀病诸方》);温阳利水可选用麻黄、附子、淫羊藿、生姜等通阳散寒(《素问·汤液醪醴论篇》);补气利水可依《医学衷中参西录》用黄芪、知母,即《金匮要略·水气病脉证并治》所言"大气一转,其气乃散";滋阴利水惯用玄参、生地黄、石斛、麦冬等;健脾利水、通阳化气常用防己、桂枝、白术等;淡渗利水、化浊降逆可用茯苓、猪苓、泽泻。

通过对古医籍文献的系统总结,力求完整将历代医家对"水液疾病"的治疗方案进行细致概括,为利水中药的合理使用奠定一定的基础,为临床准确使用利水中药提供了理论依据。以"症-病-治则-中药"的总结模式,使传统的中医概念与现代疾病之间得以建立良好沟通的桥梁,使中医学概念得以丰富和发展,并为今后的中医理论研究提供一定的借鉴。

## 四、中医中各种"水"的不同应用

历代医家将煎药用水分成很多种。如《医学正传》里介绍的就有长流水、急流水、顺流水、逆流水、千里水、半天河水、春雨水、秋露水、雪花水、井花水、新汲水、无根水、菊英水、潦水、甘澜水、月窟水等多种。古人之所以给水这么多名称,实际上是在中国传统思维的影响下,结合不同类型水的性能、功用而最终命名的。在古人看来,水的性质并非一成不变,它也会随着季节、地域、环境、人为加工等因素而有所改变。

### (一)急流水

湍上峻急之流水也。因其有速急而达下的特性,所以多用以煎煮通利二便及治疗足胫以下之风药。

### (二)顺流水

性顺而下流,与急流水下行之性类同,所以常用来煎取治下焦腰膝之证及通利二便的药物。

### (三)逆流水

流动过程中回旋倒流的水。古人认为其性逆而倒流,作用多偏于上而不下,所以多用来煎煮发吐痰饮的药物。

### (四)立春雨水

其性始得春升生发之气,能自始发育万物。多用来煎煮中气不足、清气不升的药物。

### (五)露水

露水,是附着于草木上的小水珠,秋天露水多时,可用盘收集。在古人看来,露水是极具养生价值的,所以贤人雅士常采集露水以备用,或用以泡茶,或用以酿酒,或用以疗疾。《本草纲目》中介绍的露水较多,有百花上露、百草头上秋露、柏叶上露等多种,每种都随物性迁,具有不同的作用。如百花上露,令人好颜色;而柏叶上露有明目作用。露水中的秋露水,是在秋天露水多时采集的,此时的露水禀秋之收敛肃杀之气,多用于煎取润肺杀祟的药物。

**(六)井泉水**

井泉水并不是井水和泉水的合称,而单指井水。清晨时第一次打的水,称为井花水,用来煎取补阴的药物。还可以用来煎煮治疗痰火、调理气血的药物。

**(七)甘澜水**

甘澜水,也称为劳水、扬泛水、甘烂水。甘澜水的制备较麻烦,需用勺或瓢等物将盛器中的水扬起多遍,等盛器中的水出现大量的小水珠时才成。古人认为水本来的性质是咸且重,扬过之后,水的性质就会有所变化,变得甘而轻,因此用这样的水煎药就有着特殊的效果。《医学正传》认为甘澜水可以用于煎煮治疗伤寒阴证的药物。

**(八)百沸汤**

百沸汤又名热汤、太和汤、麻沸汤,指烧开的热水,以煮沸百次者为佳,故称。《伤寒论》中大黄黄连泻心汤,治疗心下痞,用麻沸汤渍三黄,取其气薄而泄虚热之意。另外,《伤寒论》中治疗热痞兼阳虚的附子泻心汤也用麻沸汤渍三黄,其用意与前者相同。

实际上,古人用于煎药的水绝不限于上述这几种,还有很多未论及,如泉水、浆水、节气水等。这些水可能都有特别的作用,但其详细机制尚未阐明。古人在传统思维的影响下给出了一些解释,有的带有机械套用整体观、取象比类来说理的痕迹,而且其文化的味道浓于医学的味道。

## 五、仲景煎药用“水”

中药剂型以汤剂为主,自古以来医家们就对煎药用水十分讲究。早在《灵枢》中就有以“流水”煮药疗疾的记载。李时珍在《本草纲目》

中列水51种。医圣张仲景《伤寒杂病论》则记载尤详,全书煎服药用水达9种,这些不同名称的水有用于煎汤剂的,有用于煮散剂的,有用于渍药的。

## (一)水

### 1.浆水

浆水又名清浆水、酸浆水、淘米水。吴仪络云:"炊粟米熟,投冷水中,浸五六日,味酸,生花色,类浆,故名。"徐灵胎云:"浆水即淘米水,久贮味酸为佳。"医家皆以前者为是。仲景用清浆水煎枳实栀子豉汤治热扰胸膈、心下痞塞;煎矾石汤治脚气冲心;煮蜀漆散治症瘕;煮赤小豆当归散治狐惑病脓已成;煮半夏干姜散治寒饮呕逆。一般认为,浆水具有清凉散热解毒、调和脏腑、开胃止呕的作用。故吴仪络云:"其性凉善走,能调中宣气,通关开胃,解烦渴化滞物。"现代研究发现浆水主要成分是酵母,其中含有丰富的酵母菌与B族维生素,参与机体糖、蛋白质及脂肪代谢,具有健胃助消化功能。

### 2.潦水

潦水又名无根水或名磨刀水。《伤寒论选读》注为"地面流动之雨水"。《医古文》注为"大雨后横溢流淌于田野上的水"。李时珍云:"潦水乃雨水所积。"《医学正传》则云:"潦水者又名无根水,山谷中无人迹去处,新土科凹中之水也。"各家说法不一,潦水究系何物目前也无法考证。一般认为即雨后涝池中之积水。仲景用潦水煎麻黄、连翘、赤小豆汤治伤寒郁热在里、身发黄诸证。潦水味淡性走,具有通利渗湿的作用。

### 3.甘澜水

甘澜水又名劳水。仲景自注云:"取水二斗,置大盆内,以杓扬之,水上有珠子五六千颗相逐,取用之。"仲景用甘澜水煎治伤寒等的茯苓桂枝甘草大枣汤。李时珍云:"水性本咸而体重,劳之则甘而轻取,其不助肾气而益脾胃也。"虞抟《医学正传》曰:"甘澜水甘温而性柔,故烹伤寒阴证等药用之。"

### 4.泉水

泉即山涧泉水或从地下或山石中涌出之水。仲景百合地黄汤、百合知母汤等方皆用泉水煎。百合病是一种感染性内热病证,泉水有清凉散热益阴利尿的作用,伤寒后期余热不清、内科热病等证候之剂皆可用泉水煎煮。方氏云:“泉水解闷热烦渴、下热气、利小便,凉能清热,甘能补阴。”另外,泉水中含丰富的矿物质盐,具有安神定志之功效。

5.麻沸汤

开水欲开之时表面沸腾如麻点时取用,名麻沸汤。汪氏云:“汤将热时其表面沸滚如麻,以故云麻。”《本草纲目》谓“热汤即百沸汤”。水经煮沸,其性主温、主升、主散,仲景疗伤寒心下痞之大黄、黄芩、黄连泻心汤,附子泻心汤中大黄、黄芩、黄连等苦寒之药皆用麻沸汤渍之。

6.井花水

井花水也称井华水。仲景用井花水煎风引汤治热证癫痫,取其辛凉散热、平肝清心之功。以井花水做溶媒,取其清凉洁净的特性,用以滋阴潜阳,通窍解热。

7.东流水

东流水即江河溪涧中之流水,其源远流长,性主走达。仲景泽漆汤中泽漆一味以东流水五斗煮,然后入它药。泽漆汤有温阳利水之功。

**(二)酒**

1.清酒

清酒为何酒,医家看法不一。贾孟辉等认为清酒早盛产于西周,属低度温和之酒,其色赤、质清、似血,功善通经,温阳补益心肝,尤以色赤入血而功善行血、养血。《伤寒论》炙甘草汤“上九味以清酒七升水八升”煎服;当归四逆加吴茱萸生姜汤以“水六升清酒五升”煎服。以清酒作溶媒,取其性温通经络、散寒凝、和气血、补养阴血之功效。现代研究发现,酒是较好的有机溶媒,药物的生物碱、挥发油、生物甙等多种有效成分都易溶入酒中。

2.白酒

白酒多认为是米酒,具有白色微浊、味香、酒度低等特点。《金匮要略》治胸痹证瓜蒌薤白白酒汤以“瓜蒌实一枚薤白半斤白酒七升上三味同煮取二升分温再服”,治胸痹痰饮壅盛证以瓜蒌薤白半夏汤“合白酒一升”同煎服。以白酒做溶媒,取其性温宣痹止痛、活血化瘀之功用。

### (三)醋

醋也称为“苦酒”,即食用米醋,味酸,有收敛和祛瘀的作用,而且可引导诸药入厥阴肝经。《伤寒论》中“少阴病咽中伤生疮不能语言声不出者苦酒汤主之”,取其消肿敛疮之意;又乌梅丸以“苦酒汤渍乌梅一宿去核”,取其味酸引药入肝经的作用;《金匮要略》治黄汗黄芪芍桂苦酒汤以“苦酒一升水七升相合煮取三升”,取其收敛止汗之功。现代研究发现,醋可作为较好的有机溶媒,可以增加植物中所含游离生物碱的溶解度。

### (四)蜜蜜

蜜蜜即蜂蜜。《金匮要略》中用乌头的方剂均以蜂蜜做溶媒,如乌头汤以“蜜二升煮取一升即出乌头”。其药理作用如赵以德所说:“乌头……蜜煎以缓其性……并制乌头燥热之毒。”现代研究发现,蜜等糖类食品可间接影响大脑神经递质的生成与传递,从而降低大脑对疼痛的感觉,提高痛阈。

总之,张仲景煎服药用“水”对后世影响很大,不同的水有升降浮沉之异、四性五味之别。正确选择煎煮药物用水对于提高疗效具有重要的作用。

# 第六章　天然水的生理作用与辨别

## 第一节　天然水的概念

### 一、天然水的组成

在自然界中,完全纯净的水是不存在的。天然水在循环过程中不断地与环境中的各种物质相接触,并且或多或少地溶解它们。天然水中溶解的离子,主要是水流经岩层时所溶解的矿物质,如碳酸钙(石灰石)、碳酸镁(白云石)、硫酸钙(石膏)、硫酸镁(泻盐)、二氧化硅(砂)、氯化钠(食盐)、无水硫酸钠(芒硝)等。随着天然水在地面或地下所流过的岩层不同,水的酸碱性有所不同,所溶解的离子也不同。所以,天然水实际上是一种溶液,而且是成分极其复杂的溶液。

通过分析发现,天然水中含有的物质几乎包括元素周期表中所有的化学元素。现仅将天然水中的溶质成分概略地分成以下几类。

**(一)主要离子组成**

$K^+$、$Na^+$、$Ca^{2+}$、$Mg^{2+}$、$HCO_3^-$、$NO_3^-$、$Cl^-$和$SO_4^{2-}$为天然水中常见的八大离子,占天然水中离子总量的95%~99%。水中这些主要离子的分类,常用来表征水体主要化学特性指标。水质检测中的常规八大离子就是指的这八种离子。

**(二)溶解性气体**

水中溶解的主要气体有$N_2$、$O_2$、$CO_2$、$H_2S$;微量气体有$CH_4$、$H_2$、He等。这些溶解在水中的气体大都对金属有腐蚀作用,是引起水系统金属腐蚀的重要因素。

**(三)微量元素**

主要有I、Br、Fe、Cu、Ni、Ti、Pb、Zn、Mn等。

### (四)生源物质

$NH_4^+$、$NO_2^-$、$NO_3^-$、$HPO_4^{2-}$、$PO_4^{3-}$。

### (五)胶体

$SiO_2 \cdot nH_2O$、$Fe(OH)_2 \cdot nH_2O$、$Al_2O_3 \cdot nH_2O$ 及腐殖质等。

### (六)悬浮物质

铝硅酸盐颗粒、砂粒、黏土、细菌、藻类及原生动物等。

受到人类活动影响的水体,其水中所含的物质种类、数量、结构均与天然水质有所不同。以天然水中所含的物质作为背景值,可以判断人类活动对水体的影响程度,以便及时采取措施,提高水体水质,使之朝着有益于人类的方向发展。

## 二、天然水的性质

### (一)碳酸平衡

$CO_2$在水中形成酸,可与岩石中的碱性物质发生反应,并可通过沉淀反应变为沉积物而从水中除去。在水和生物体之间的生物化学交换中,$CO_2$占有独特的地位,溶解的碳酸盐化合态与岩石圈、大气圈进行均相、多相的酸碱反应和交换反应,对于调节天然水的 pH 和组成起着重要作用。

### (二)天然水中的碱度和酸度

碱度(Alkalinity)是指水中能与强酸发生中和作用的全部物质,亦即能接受质子 $H^+$的物质总量。组成水中碱度的物质可以归纳为三类:一是强碱,如 NaOH、$Ca(OH)_2$等,在溶液中全部电离生成 $OH^-$离子;二是弱碱,如 $NH_3$、$C_6H_5$等,在水中部分发生反应生成 $OH^-$离子;三是强碱弱酸盐,如各种碳酸盐、重碳酸盐、硅酸盐、磷酸盐、硫化物和腐殖酸盐等,它们水解时生成 $OH^-$或者直接接受质子 $H^+$。弱碱及强碱弱酸盐在中和过程中不断产生 $OH^-$离子,直到全部中和完毕。

和碱相反,酸度(Acidity)是指水中能与强碱发生中和作用的全部物质,亦即放出 $H^+$或经过水解能产生 $H^+$的物质总量。组成水中酸度的物质也可归纳为三类:一是强酸,如 HCl、$H_2SO_4$、$HNO_3$等;二是弱酸,

如 $CO_2$、$H_2CO_3$、$H_2S$、蛋白质及各种有机酸类等,在水中能部分反应生成 $H^+$ 离子;三是强酸弱碱盐,如 $FeCl_3$、$Al_2(SO_4)_3$ 等。

**(三)天然水体的缓冲能力**

天然水体的 pH 值一般为 6~9,而且对某一水体,其 pH 几乎保持不变,这表明天然水体具有一定的缓冲能力,是一个缓冲体系。一般认为,各种碳酸化合物是控制水体 pH 的主要因素,并使水体具有缓冲作用。但是,水体与周围环境之间发生的多种物理、化学和生物化学反应,对水体的 pH 也有着重要的作用。无论如何,碳酸化合物仍是水体缓冲作用的重要因素。因而,人们时常根据它的存在情况来估算水体的缓冲能力。

## 第二节　天然矿泉水的功效与作用

水是生命之源泉,也是人类最必需的营养素之一。人的体重50%~70%是水分,含水量随年龄、性别、肌肉发达程度及体脂多少而异。体内的水分主要与蛋白质、脂类或碳水化合物相结合,形成胶体状态。人体总水量中的50%是细胞内液,其余50%为细胞外液,包括细胞间液、血浆,维持着身体内环境水和电解质的平衡。所以,水在人体生命活动中具有重要的生理功能,主要有消化食物、传送养分、排泄人体废物、体液循环、润滑骨节和内脏器官等。如果饮水不足,就会产生慢性脱水,随之导致各种健康问题的出现。

世界卫生组织(WHO)提出健康饮水必须符合的条件,即不含有害物质,含有适量的矿物质,硬度适中,pH 为弱碱性等。天然矿泉水基本上符合上述健康饮水的条件。矿泉水以其天然、纯净、安全、卫生和有利健康,而成为独具魅力的、倍受人们青睐的优质健康饮水。

### 一、天然矿泉水是怎样形成的

一般来说,主要是大气降水成因,大气降水落到地面以后,有一部分水渗到地下深处,储存到岩层的孔隙、裂隙和溶洞里,而成了地下水。这些地下水就在这些空间里不停地、缓慢地流动着,据美国山谷矿泉水测试资料，现在冒出的矿泉水，实际上是3 500年前大气降水补给的。目前北京地区开发的低矿化度矿泉水，其“年龄”大都在几十年以上，有些矿泉水年龄达千年以上。这种地下水处在地壳深处，在较高的温度和压力下，溶解了较多的围岩成分，使水变成含有各种矿物质的水，当某种或几种矿物质成分或气体成分得以富集，并达到一定浓度时，就成了矿泉水。由于矿泉水在地下循环的深度和运移经过的地层构造不同，于是就形成了不同的类型、不同含量的矿泉水。例如，当地下水在花岗岩类、二长岩类岩体中运移时，就往往形成硅酸矿泉水，当地下水在石灰岩岩层中运移时，就往往形成锶矿泉水。矿泉水埋藏于地壳深部，有良好的封闭条件，不受外界的污染影响，保证了水的纯净、卫生。所以，天然形成、未受污染是饮用天然矿泉水的主要特征之一。

## 二、天然矿泉水的营养与保健作用

天然矿泉水的另一主要特征是它含有丰富的对人体健康有益的常量和微量元素，特别是矿泉水标准中规定的微量元素指标的合理含量，更是对人体起到防病和保健作用。

经科学测定，人体血液中各种化学元素、微量元素平均值与地壳中元素丰度值密切相关，矿泉水溶解了地壳中的矿物元素，所以矿泉水中富含人体所必需的微量元素。现简单介绍矿泉水中几种主要的常量元素和微量元素及其营养价值。

### （一）微量元素

1.硅

硅对人体主动脉硬化具有软化作用，对心脏病、高血压、动脉硬化、神经功能紊乱、胃病及胃溃疡等都有一定的医疗保健作用。它还可以强壮骨骼、促进生长发育，对消化道系统疾病、心血管系统疾病、关节炎和神经系统紊乱等起到防治作用，并且有防癌抗衰老的功能。

2.锶

人体所有组织中都含有锶，锶也是骨骼及牙齿的正常组成成分，主要浓集在骨化旺盛的地方，可强壮骨骼。锶可降低人体对钠的吸收，有利于心血管的正常活动，降低心血管疾病的死亡率。

3.锌

锌是人体必需的重要微量元素,具有多方面的生理机能,它不仅是"智慧"元素,而且是人体各种酶系统必需成分,以及构成多种蛋白质分子的必需元素。人体内所含的锌几乎分布于细胞之内。锌能提高人体免疫功能,并能达到抗衰老的作用;可加速创伤愈合,刺激性功能,微量锌可强化记忆力,延缓脑的衰老;能保护心肌免遭异丙肾上腺素导致的心肌损害;与利尿剂合用能加强降压作用,有利于控制冠心病的发生。锌对生长发育中的婴儿、儿童和青少年具有更重要的营养价值。

4.硒

硒也是人体必需微量元素,被称为"生命的奇效元素"。硒是谷甘肽过氧化酶的必需成分;它能阻止或减慢体内脂质自动氧化过程,使细胞寿命延长,故而能益寿;硒是心肌健康的必需物质,有改善线粒体的功能,对肠、胃病有治疗作用;硒对高血压、心肌梗死、肾脏损害具有重要的康复作用。

5.碘

碘是人体必需营养元素,缺碘可使体内甲状腺素合成发生障碍,会导致甲状腺组织代偿性增生,即颈部显示结节状隆起,也即是地方性甲状腺肿,它直接影响患者的健康和劳动能力。

6.锂

锂对中枢神经系统有调节功能,能安定情绪,可降低神经错乱症的发病率;能改善造血功能状态,使中性粒细胞增多及增强吞噬作用,提高人体免疫机能。它在体内还可置换及替代钠,有防治心血管疾病的作用。

7.氟

氟是人体所必需的微量元素,对牙齿及骨骼的形成和结构,以及钙和磷的代谢均有重要作用,如饮水和食物中长期缺氟易发生龋齿,儿童尤为突出,某些地区的小学生竟有98%患龋齿。老年人缺氟会影响钙和磷的作用,可导致骨质松脆,易发生骨折。饮水中氟化物过多能形成斑齿,使牙齿脆弱。因此,适量的氟是人体所必需的。

8.铁

铁是哺乳动物的血中运输和交换氧所必需的，没有铁，血红蛋白就不能被制造出来，氧就不能得到输送。严重缺铁会引起缺铁性贫血，值得注意的是，即使是轻度缺铁的儿童，他们的注意力也会明显地降低，从而影响他们的学习。

**（二）常量元素**

所谓常量元素，也即是饮用天然矿泉水中含量较多的元素（或离子）。这些常量元素对人体的有益作用和功能也是不可低估的，尤其是它们在适当的含量和配比时，对人体的作用将会更好，如水中的钙和镁其量的比值为3∶1时，这与人体血液中的钙、镁比例很近似，故很容易被人体所吸收。

1.钙

钙是组成人体骨骼、牙齿的必需元素，它对幼儿及青少年的生长发育起着重要作用，婴幼儿缺钙，易得佝偻病、软骨病。钙是神经传递和肌肉收缩所必需的元素，它能刺激心脏和血管活动，能激活多种酶，提高机体对传染病的抵抗能力和抗炎症作用，可保证大脑顽强地工作。缺钙还会提高心血管病的发病率。

2.镁

镁是人体必需的营养元素之一，它和钙一样是人体骨骼成分的一部分。它是一种催化剂，能促进一些酶的形成。它能调节神经活动，具有强心镇静的作用。含镁较多的矿泉水还可预防或降低高血压、动脉粥样硬化、胆囊炎的发病率，据有关资料介绍，缺镁可能导致食管癌的发生。

3.钾

钾是人体中不可缺少的元素之一，是细胞内液的主要离子，维持细胞的新陈代谢。它呈离子状态存在于血液中，具有电化学和信使功能。若体内缺钾，会出现手足麻木、肌肉无力、心律失常等病症。

4.钠

钠是人体中不可缺少的成分，它的碳酸氢盐是血液中主要的缓冲剂，同时又是一种兴奋剂，当人体过度劳累出汗过多时，补充适量的钠会很快调节细胞液平衡;它还是骨骼肌肉收缩和心脏正常跳动必不可少的元素。人体摄钠过量,易引发高血压。所谓的高低钠类别的矿泉水,也应因人而异,中老年人宜饮用低钠矿泉水,青年人特别是运动量大、重体力劳动者,饮用适量的高钠矿泉水也是有益于身体健康的。

近代生物化学、量子化学及结构物理学研究证明,水中矿物质和微量元素对人体生命与健康是不能缺少的,是不能用食物中的矿物质和微量元素完全取代的,水中的矿物质和微量元素是离子态,容易被人体所吸收,其吸收率高达90%以上,而且吸收得快。食物中的矿物质和微量元素,由于植物纤维和植酸的影响,吸收率多数不到30%,有的仅为10%以下。所以,饮用含有矿物质和微量元素的天然矿泉水有益健康。另外还特别值得提出的是:水的pH对人体健康也是重要因素,人体体液呈弱碱性,pH范围在7.3~7.45。矿泉水属弱碱性,pH一般在7.5左右,与人体体液的pH相吻合,有利于维持正常的渗透压和酸碱平衡,促进新陈代谢。曾经有一研究机构发现德国有一处偏远村落,其居民皆以长寿著称,故有长寿村之称,而据研究人员调查发现,村里有一泉水是全村的主要水源来源,村人从小到大皆饮此水,研究发现此水清澈无比,水质呈现弱碱性,与一般中性水质不同,故为此村村民长寿的原因。

## 三、喝天然矿泉水不会诱发如体内结石等健康问题

有些人受到某些水商品宣传材料误导,产生喝矿泉水会引起体内结石的疑虑,为此走访了有关医学专家,他们一致认为,饮用矿泉水不会导致结石症,其主要原因是:

从医学上讲,泌尿系统产生结石是有特殊病因的,包括环境因素:高温高湿地区,人们流汗过多,尿液浓缩导致产生结石的盐分过饱和;土壤中缺乏镁离子等。个体因素:维生素A缺乏,下尿路感染、梗阻、异物,代谢紊乱。

从科学上看,饮用天然矿泉水非但不会诱发泌尿系统结石,反倒对其有预防和治疗作用。其根据有以下几方面:

经常饮用矿泉水有洗涤内脏和稀释尿液的作用,控制和预防泌尿系统感染。

矿泉水碱化尿液,阻止草酸钙、磷酸盐和尿酸盐结晶析出,并有溶石的作用。

与土壤缺乏镁离子导致结石相反,矿泉水中的镁离子可以促使尿液中草酸钙溶解,可与水中超量的钙离子结合成不被血液吸收的化合物,从粪便中排出。

多饮用矿泉水会稀释血液,降低血黏稠度,使循环系统受冲刷,防止血小板凝聚和微循环障碍,有利于排除血液中的多余脂类。

饮用矿泉水能稀释血液,降低血中有害物质浓度,保护肝脏,促进胆汁引流,预防胆系结石发生。

## 第三节　什么样的水是好水

### 一、安全的水

安全的水是指不含致病危险微生物和有毒化学物的水。

水有很多不同的来源,如河流、湖泊、大气水、海水、地下水等,不同的水源水质有所区别。其中,河流是最重要、水量交换最活跃的来源,工业废水、生活污水、农业用水的错误排放等,引起河流水质恶化、生物群落变化。未经处理的河流水中可能含有寄生虫、病原体和其他有毒有害物质,如果未经处理就用于饮用或清洁,是不安全的,可能引起腹泻、伤寒或痢疾,需要经过水质处理才能使用。以生活饮用水为例,我国饮用水水质处理分为两个环节:常规处理和深度处理。常规处理包括混凝、沉淀与澄清、过滤和消毒;深度处理技术有活性炭吸附技术、臭氧氧化技术、膜分离技术等。经过处理后,符合国家饮用水水质标准的水,才能作为生活用水使用和饮用。

日常生活中,我们也可以在家庭中再次对水进行消毒,加热煮沸就是一个简单易行的消毒方式;另外,还要注意保持盛水容器的清洁,可用网罩或盖子覆盖盛水容器,防止传登革热病毒蚊子媒介的滋生。

使用安全的水,有助于减少食源性疾病发生的风险。安全的水可以用于多个方面,如食物原材料的清洗、食物烹饪过程中的用水、清洁烹饪用具和餐具、洗手、制冰等。

## 二、健康的水

健康水的定义如下:健康水是指在满足人体基本生理功能和生命维持基础上,长期饮用可以改善、增进人体生理功效和增强人体健康、提高生命质量的水。

通过上述定义可以看出,健康水和其他水种的区别和生理功效不同。

### (一)不同生命生理需求不同,水的功效不同

生命体与非生命体最大区别在于生命体具有代谢、遗传、繁殖、适应能力。从人体生理角度来看,我们可以把生命生理需要分为三个不同层次:生命维持、生命质量、生命异常(如生命的亚健康和系列文明病)。对人体来讲,三种生命生理状态是不能截然分开的。不同生命生理需求,对用水的功效要求不同。健康水同时具有提高生命质量、生命维持作用,安全水则不具有提高生命质量作用。

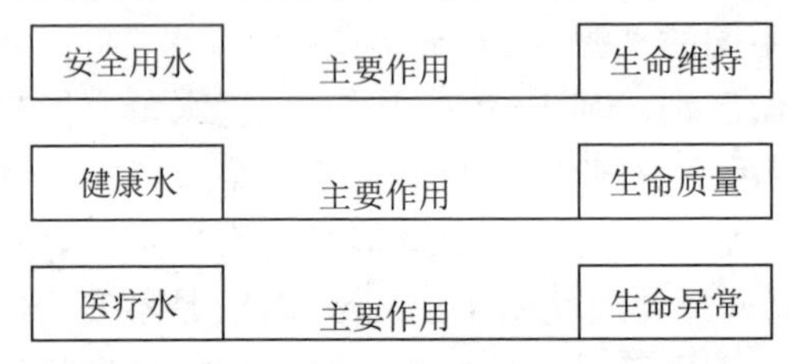


图 6-1　三种生命生理状态对用水功效的比较

### (二)健康水不同于安全水

应当强调一点,干净水、安全水、健康水是三种不同的科学概念,现在不少消费者把三种混为一谈了。水的干净、安全与健康是一个完整的概念。水的干净与安全主要是针对水污染而言的,健康水主要是针对人体健康来讲。水的干净、安全是健康水的前提之一,但干净水、安全水不等于健康水,饮水应做到干净、安全与健康的统一。所有水均有"解渴"作用,但不一定都具有强的生理功能。不同的水生物效应及对人体生理作用是不同的。

**(三)健康水不同于医疗水概念**

作为医疗用水在饮用过程中有以下特点:特殊人群在医生指导下饮用,每天饮用要限量,对某些疾病(主要是非遗传性慢性病)有特殊医疗作用,但要长期饮用。健康水是大众可以饮用的,而且不限量,强调的是增强生理功效保健作用,而不是治疗作用。

那究竟什么样的水称之为好水？它具有什么样的指标才算是好的水？首先我们先了解一下现代世界卫生组织(WHO)所制定的好水指标都有哪些。

世界卫生组织(WHO)健康好水的3个标准和7个条件:

3个标准:

没有污染的水;

没有退化的水;

符合人体需要的水。

7个条件:

不含任何对人体有毒、有害的物质(安全);

水的硬度适中,以碳酸钙含量计(50~200 mg/L)为宜(软硬适中);

含有适量人体所需的矿物质及微量元素(不能是纯净水);

水的pH值在6.5~8.0,呈弱碱性(中性偏微弱碱);

水中溶解氧及二氧化碳适度(水中溶解氧>7 mg/L);

水分子团小(<100 Hz)(适氧的活性水);

水的营养生理功能(溶解力、渗透力、扩散力、代谢力、乳化力、洗净力)良好(还有一定的氢分子)。

## 三、热水的养生功能

如果感冒、发烧、受凉了,很多人都会对病人关心地说一句"多喝点儿热水",还有包括饮茶品茗、煎药、泡澡、泡脚、热敷、桑拿,也都讲究一个"趁热"。

**(一)最简单的养生法,防病还祛病**

喝热水在我国已有几千年的历史。公元前5世纪,《黄帝内经》就有"病至而治之汤液"的记载,《孟子》中也有"冬日则饮汤"的表述,《说文解字》说"汤,热火也",这里的"汤"说的就是热水。

随后,热水演变出许多"花样",其中广为人知的便是茶饮。汉代典籍中有很多"烹茶"的字眼,饮茶必烹,烧开水不可或缺。

除了喝热水,中国人还善于用热水泡澡、泡脚、热敷等。

晋代《肘后备急方》就有对泡脚的最早记载,历史上寿命最长的皇帝之一乾隆,更是将足部养生法总结为"晨起三百步,晚间一盆汤",这"汤"指的就是泡脚。

**(二)热水的八大好处**

苏东坡说:"热浴足法,其效初不甚觉,但积累百余日,功用不可量,比之服药,其效百倍。"其实,热水带来的健康好处不限于此。

1.促进血液循环

水的温热作用可扩张人体血管,加快血流速度,从而促进全身血液循环,达到温阳暖体的效果。

研究表明,一个健康的人用 40~45 ℃的水浸泡双脚半小时后,全身血液流量会增加 10~18 倍。

2.加快新陈代谢

温热作用能刺激人体激素的分泌,比如甲状腺、肾上腺激素等,从而提高机体的新陈代谢能力,以便体内的垃圾、毒素等更好地排出体外。

3.消耗身体热量

泡热水澡能放松身心,恢复肌肉弹性,还能消耗大量热量。

英国拉夫堡大学最新研究发现,泡澡 1 h 消耗的热量,相当于步行半个小时,常泡热水澡还有助于预防糖尿病。

4.增强呼吸功能

喝白开水能缓解呼吸道黏膜的紧张状态,促进痰液咳出,对伤风感冒引起的咳嗽十分有效。

此外,吸入水蒸气有利于口腔、鼻腔黏膜保持湿润,不仅能阻止感冒病毒的入侵,还能帮助清除肺部黏液。

5.消除大脑疲劳

当体内积累了一定的“沉积物”时,人就会感到疲劳。

洗热水澡、喝白开水能加快血液循环,减少血液中使人感到疲乏的物质,改善大脑血液供应,同时能抑制大脑皮层中枢神经兴奋,使大脑处于休息状态。

6.缓解局部疼痛

中医认为“温则通,通则不痛”。

热敷等方式能增加损伤组织的血液供应,缓解局部疼痛。比如痛经时可用毛巾热敷,能起到活血化瘀、理气止痛的功效。

7.减少疾病发作

泡脚对全身各脏腑都有保健功效。

脚上的足三阴与肝、脾和肾有关,足三阳则与胆、膀胱和胃有关,利用温热作用加强脚部的气血循环,利于全身提神健气,预防疾病。

8.提高交际能力

美国阿尔伯特·爱因斯坦医学院研究发现,在39 ℃的水中洗澡可改善自闭症患者的交流能力。

在较温和的环境中生活的人,其交际能力也要强一些,免疫系统也更活跃,对于疾病的抵抗力更强。

**(三)热水的其他功效**

1.水袋+热水

其实中医的艾灸就是一种热敷方法,不同之处在于用了艾,取其除湿散寒等作用和火的热气。

但是艾灸要找穴位,所以与艾灸相比,用热水袋热敷就更方便了,基本上是哪里有问题,直接把热水袋放在哪里就可以。

1)敷背止咳

热水袋灌满热水,外用薄毛巾或布包好敷在背部,可使呼吸道、气管、肺等部位的血管扩张、血液循环加速。

这主要是因为背部循行的膀胱经主一身之表,外邪侵袭,则恶寒、发热、鼻塞;而督脉主一身之阳,一旦受侵则阳气虚衰,抵抗力变低。

因此,常用热水袋敷背可使膀胱经和督脉正常运行,对止咳、治感冒及提高抵抗力都有好处。

2)敷颈催眠

颈部有安眠穴,主治失眠眩晕。在睡觉前将热水袋放在后颈部,会感到温和舒适,先双手发热,慢慢脚部也感觉温暖,能起到催眠作用。

3)落枕、颈椎病、腰椎病

轻微落枕可用热水敷患处,并配以颈部活动。头部慢慢向前弯,轻轻向前后左右侧转动。

早期颈椎病症状,如脖子发硬、酸痛或受凉后出现轻微疼痛,用毛巾热敷不方便,容易弄湿衣服,所以建议用热水袋热敷,可以改善症状,促进血液循环,缓解肌肉痉挛。腰椎病可同样热敷。

4)扭伤、拉伤

在受伤 24 h 或 48 h 后,肿胀开始逐渐好转时,用热水袋热敷局部疼痛处,每次 20 min 左右,每天 1~2 次,可有效促进血液循环,加速淤血和渗出液的吸收,起到温经散寒活血通络的作用,并减轻局部肿痛。

5)痛经或寒性腹痛

女性痛经或因受凉导致的腹痛,可用热水袋热敷,能起到化瘀、理气止痛的功效。

6)前列腺炎

前列腺炎是男性生殖系统一种常见病,35 岁以上男性发病率 35%~40%。除了要治疗规范,配合下面这种简单、实用的"热水浴"方法也很有效:把一个温度适宜的热水袋夹在裆下 10~20 min,使治疗变得更为简单易行。用热水袋夹裆时间不能过长,不能超过 30 min。

7)耳鸣

将热水袋隔着保暖秋衣竖着贴在腰骶骨的位置,外面的衣服要包裹紧一些,然后背靠着垫子往里坐(加强热水袋对腰骶部的贴紧度)。

暖完了后,晚上睡觉会发现,在耳边回旋的耳鸣声不见了。

原因是:热量集中在后腰部位,热力渗入肾俞穴、八髎穴、命门等,补益了肾的能量,自然耳朵的问题就解决了。

8）拉肚子

对于受凉引起的腹痛、腹泻，可采用热敷神阙穴的简单疗法。将热盐包覆在神阙穴上，还可以同时热敷关元穴（脐下四横指处），具有除湿祛寒、温补脾肾的功效。

2.毛巾+热水

与热水袋相比，在用毛巾热敷的时候，毛巾的热气不仅会促进局部血液循环，更会打开毛孔，此时水汽可以从毛孔进入皮肤，所以用毛巾热敷对改善皮肤的作用更好。

1）眼疲劳、黑眼圈

用毛巾热敷可促进眼周的血液循环，减轻眼睛疲劳，能部分缓解眼干燥症、黑眼圈的症状，还有明目健脑的功效。

2）耳聋

用毛巾敷在耳上或轻轻擦揉，可改善耳部血液循环，预防因缺血引起的功能性耳聋。

3）头晕

将热毛巾放在后脑勺，每次数分钟，可刺激后脑勺的穴位，改善部分患者的头晕症状，还可提高反应力和思维能力。

4）跌打损伤

运动损伤应激期不能进行热敷，在损伤发生后 2～3 天，若不出血，也无肿胀，此时可用热毛巾热敷缓解症状。

5）打针造成的硬结

用热毛巾轻轻敷在打针后起硬结的部位，每次 30 min，边热敷边揉，以促进硬结部血液循环，加速药液的吸收。

6）补水护肤，减少皱纹

紫外线照射会造成骨胶原流失，是产生皱纹的重要原因。

研究人员发现，泡澡或热敷可以增加保护细胞的蛋白质，预防因紫外线照射导致的皱纹。

**（四）热水适宜的温度**

水的“温度”在这里就相当于在用中药时的“剂量”，剂量对了就事半功倍，剂量错了，不是效力不够就是会有副作用。

1.饮用:40 ℃最合适

喝热水的温度不能过高,40 ℃左右的温开水最好,既不会过度刺激胃肠道,又不易造成血管收缩。

2.泡脚:40~45 ℃

晚上9点肾经气血较衰弱,此时泡脚能滋肾明肝。

水温以40~45 ℃、感到暖和舒适为宜,水量应淹没脚踝,泡10~15 min,直到全身微热、开始出汗。

泡脚时,还可以用纱布包15~20 g花椒放入水中,并用手缓慢按摩双脚。

泡完应立即用毛巾揩干,注意足部保暖,不可再受寒。心功能不全、严重下肢血管病变、血压不稳定、足部炎症等患者慎用热水泡脚,或在医生指导下进行。

3.热敷:不超过70 ℃

在用毛巾热敷、水袋热敷时,水温不宜太高,一般以60~70 ℃为宜。

最好的方法是:将洁净的毛巾浸泡在40~45 ℃的热水中,拧干后敷于患病部位,每隔5 min更换一次毛巾,热敷时间持续15~20 min。

热敷眼睛等敏感部位,温度以40~50 ℃为宜,过高容易烫伤。

## 四、白开水的养生功能

白开水是我们日常饮食中最为常见也是最为廉价的,白开水不仅我们每日离不开它,从健康饮食的角度上来说,白开水更是平凡而又健康的。普通的白开水只要科学地饮用,还能够治疗多种疾病。喝白开水能够治疗的九种疾病如下。

### (一)心脏病

如果心脏不好,可以养成睡前喝一杯水的习惯,这样可以预防容易发生在凌晨的,像心绞痛、心肌梗死这样的疾病。心肌梗死等疾病是由于血液的黏稠度高而引起的。当人熟睡时,由于出汗,身体内的水分丢失,造成血液中的水分减少,血液的黏稠度会变得很高。但是,如果在睡前喝上一杯水的话,可以减低血液的黏稠度,减少心脏病突发的危险。

**(二)色斑**

很多人都听说过早晨喝一杯水对身体有好处。有人喝盐水,有人喝蜂蜜水,还有人为了美白喝柠檬水,到底喝什么水最好呢?人体经过了一定的代谢,体内的垃圾需要一个强有力的外作用帮助排泄,没有任何糖分和营养物质的凉白开水是最好的!如果是糖水或放入营养物质的水,这就需要时间在体内转化,不能起到迅速冲刷我们机体的作用。所以,清晨一杯清澈的白开水是排毒妙方。

**(三)感冒**

每到感冒的时候,就会听到医生唠叨:"多喝水呀!"这句医嘱对于感冒病人是最好的处方。因为当人感冒发烧的时候,人体出于自我保护机能的反应而自身降温,这时就会有出汗、呼吸急促、皮肤蒸发的水分增多等代谢加快的表现,这时就需要补充大量的水分。多多喝水不仅促使出汗和排尿,而且有利于体温的调节,促使体内迅速排泄掉细菌病毒。

**(四)胃疼**

有胃病的人,或者感到胃不舒服,可以采取喝粥的"水养护"措施。熬粥的温度要超过 60 ℃,这个温度下会产生一种糊化作用,软嫩热腾的稀饭入口即化,下肚后非常容易消化,很适合肠胃不适的人食用。稀饭中含有的大量水分,还能有效地润滑肠道,荡涤肠胃中的有害物质,并顺利地把它们带出体外。

**(五)便秘**

便秘的成因简单地讲有两条:一个是体内有宿便,缺乏水分;二是肠道等器官没有了排泄力。前者需要查清病因,日常多饮水。后者需要大口大口地喝水,吞咽动作快一些,这样水就能够尽快地到达结肠,刺激肠蠕动,促进排便。记住,不要小口小口地喝,那样水流速度慢,水很容易在胃里被吸收,产生小便。

**(六)恶心**

出现恶心的情况很复杂,有时候是对于吃了不良食物的一种保护性反应,遇到这样的情况,不要害怕呕吐,因为吐出脏东西可以让身体舒服很多。如果感到特别难以吐出,可以利用淡盐水催吐,准备一杯淡盐水放在手边,喝上几大口,促使污物吐出。吐干净以后,可以用盐水漱口,起到简单的消炎作用。另外,对于严重呕吐后的脱水,淡盐水也是很好的补充液,可以缓解患者虚弱的状态。

**(七)肥胖**

有些人有着这样的谬论,不喝水可以减肥!现在医学专家明确:这是一个错误的做法。想减轻体重,又不喝足够的水,身体的脂肪不能代谢,体重反而会增加。体内的很多化学反应都是以水为介质进行的。身体的消化功能、内分泌功能都需要水,代谢产物中的毒性物质要靠水来消除,适当饮水可避免肠胃功能紊乱。可以在用餐半小时后喝一些水,加强身体的消化功能,帮助维持身材。

**(八)失眠**

人体逐渐进入梦寐的状态是体温下降的一个过程,而适宜人体睡眠的环境要求中,温暖的环境必不可少。睡前洗个热水澡和用热水泡脚一样,都可以给人温暖的外环境,弥补体温下降带来的不适,催人入眠。而值得一提的是,水对于身体有着独特的按摩功效,轻缓、柔和、滋润的效果是最好的镇静安神剂。

**(九)烦躁**

人的精神状态如果与生理机能相联系,有一种物质是联系二者的枢纽,那就是激素。简单地讲,激素也分成两种:一种产生快感,一种产生痛苦。大脑制造出来的内啡肽被称为"快活荷尔蒙",而肾上腺素通常被称为"痛苦荷尔蒙"。当一个人痛苦烦躁时,肾上腺素就会飙升,但它如同其他毒物一样也可以排出体外,方法之一就是多喝水。如果辅助体力劳动,肾上腺素会同汗水一起排出;或者大哭一场,肾上腺素也会同泪水一起排出。

## 五、饮水健康及其影响因素

水是人体内含量最多的物质,占成人体重的60%~70%,广泛分布在人体组织细胞的内外。人体内水分构成了生命体的内环境,承担转运营养物质及代谢废物、维持血容量、调节体温等重要的生理功能。饮水是满足人体每日水生理需求量的重要途径。日常饮水量、饮用水类型及饮水方式与习惯等对人体健康起着至关重要的作用。

### (一) 饮用水类型与健康

日常的饮水习惯影响饮用水类型的选择。饮用水类型往往以饮水习惯的调查与研究为首要切入点。饮用水的来源主要有分散式供水和集中式供水 2 种。前者指基本上不对水源水(地表水、地下水)采取严格的净化措施或只对其做简单处理后直接饮用的供水方式,如自掘井的分散式供水;后者指市政部门、企业等使用专门的水加工净化设备集中处理后,饮用水水质达到国家相关卫生标准的供水方式,典型代表有自来水和纯净水。

1.地域供水类型与健康

农村尤其是贫困地区供水多为分散式供水,且存在水源易受污染等问题。即使是小型集中式供水,设施往往简陋且存在供水管理不规范等诸多隐患,尤其江河、水库水源在雨季负影响十分严重,没有卫生保障。目前,我国绝大部分城市自来水的水质符合国家生活饮用水卫生标准,但随着环境中微量有毒化学污染物的不断增加,自来水的毒理学安全性却越来越为人们所担忧。

2.水质与健康

虽然自来水在性状、细菌学评价等方面经过一系列处理,但伴随着水源污染问题及人们健康意识的提高,自来水因其常规处理工艺无法去除部分有机污染物、杂质及消毒副产物而广受诟病。纯净水的推出解决了自来水常规工艺的弊端,并以其“健康安全”的特点成为饮用水市场新宠。纯净水通过蒸馏、反渗透等技术进行净化,以直饮水为代表的新式饮水被认为是较理想的饮用水。直饮水是直接将直饮机与自来水管相连接,在机内完成一系列处理工序后出来的可以直接饮用的纯净水,其技术核心是采用反渗透膜(RO 膜),终端作用原理是依靠给水压力梯度所产生的净驱动力,实现水分子在膜分离过程中的逆向渗透过程,进而完成对给水水源的全面净化,把原水中无机盐、有机物重金属离子、细菌、病毒、农药、三氯甲烷等有害物质截留,并通过连续排放的污水排放口将有害物排出,被认为是安全的水处理方式。但纯净水受价格及技术推广等限制而未能得到普及。

近年出现饮水机的二次污染,市面上各类纯净水的名目(纯水、去离子水、太空水、蒸馏水、超纯水、水中水、花色纯净水等)及质量标准良莠不齐。因此,纯净水的"健康安全"也受到了质疑。有学者认为,纯净水在把有毒有害物质清除的同时,会把水中原有的对机体有利的矿物质元素一起清除掉,是一种低 pH(偏酸)、极低硬度、极低水平矿物元素的软水,如果在食物中获得的矿物元素不足,长期饮用纯净水可能导致机体内微量元素不足,对机体的心血管系统及神经系统发育可能构成影响。但饮用纯净水尚未见有足够的科学证据报道引起人群健康的危害,由于其口感等方面的优势,目前人们的需求仍有较大市场。

3.饮水类型与健康

饮水包括各种途径所获得的白水、茶水、饮料等。按照《饮料通则》(GB 10789—2015)的分类,我国饮料可分为碳酸饮料(汽水)类、果汁和蔬菜汁类、蛋白饮料类、饮用水类、茶饮料类、咖啡饮料类、植物饮料类、风味饮料类、特殊用途饮料类、固体饮料类及其他饮料类 11 个大类。国外有学者则根据热量和营养构成,将饮料划分为 7 类:含糖饮料(也称软饮料)、无糖饮料、牛奶、天然果汁、加糖奶茶、无糖奶茶和酒精性饮料。随着现代都市人群生活方式的转变,如今大众的饮水方式愈趋多元化。饮料已成为饮水以外的另一条重要的补水途径,以各种饮料替代传统的白开水和茶水的趋势逐渐显现。饮料除可提供机体所需水分外,还会产生过剩的热量,易转化为脂肪引起肥胖。

有调查显示,长期大量饮用饮料,特别是软饮料,是引起龋齿、肥胖和非特异性腹泻的危险因素,也可能是导致学龄前儿童生长发育障碍的原因之一。目前,我国城市青少年平日软饮料消费量呈逐年上升趋势。

因此,饮料代替饮水的行为,对人体健康的影响尤其对处于生长发育关键时期的青少年带来的危害不容忽视。

4.凉开水与健康

白水煮沸后自然冷却的凉开水是一种传统的、最理想的主要饮用水。凉开水对人体健康有利,最大优点是经过煮沸消毒杀菌后,水中

$Ca^{2+}$、$Mg^{2+}$等会以水垢的形式沉淀下来而使水溶液呈弱酸性，而且溶解在水中的氧，在烧开水的过程中会被去掉。常饮凉开水的好处在于其具有的生物活性比自然水要高出 4~5 倍，与机体活性细胞里的水十分接近，可有效提高乳酸脱氢酶活性及血液中血红蛋白含量，尤其是 20~25 ℃新鲜凉开水，更有助于促进新陈代谢、缓解疲劳和增强免疫力。水不能一烧开就喝，因为自来水经过氯化消毒，含有氯化物，其中氯与水中残留的有机物结合，会产生卤代烃、氯仿等多种有害化合物。

自来水中氯化物含量的高低与原水中自由余氯的含量、加热煮沸的方式、水温等有关。烧水时，首先将自来水放置一会再烧，水快烧开时把盖打开，烧开后等 3 min 再熄火，就能让水里的氯含量降至符合卫生标准的水平。水烧开后沸腾时间不宜过长或反复加热，否则水中不可挥发的重金属离子和亚硝酸盐含量会相应增加。

凉开水的留置时间也不宜太长，原因主要与亚硝酸盐等非挥发性有机物浓缩有关。研究表明，原来不含亚硝酸盐的 1 L 水在室温下存放 1 天，可产生亚硝酸盐 0.004 mg，3 天后上升到 0.011 mg，20 天后则高达 0.73 mg，故建议最好饮用没超过 24 h 的白开水。另外，空气在凉开水中的溶解度也会发生变化，气体溶解所带入的细菌杂质会大大削减凉开水的生物活性，故建议凉开水饮用放置时间不超过 24 h，且把握好在开水冷却的时间限度下越早饮用越好。

### (二)饮水量与健康

1.饮食认知

水的摄入主要是由机体根据口渴感进行调节的。当水(包括饮料)的颜色、气味、味道及温度能够满足个体感知系统时，会激发人的口渴感，从而激发饮水行为。日常饮水量为白水、茶水和饮料的饮用量之和。人体每日从外界摄取的水量应视年龄、体重、环境温度、身体活动等具体情况而定。正常成年人每日的生理需水量为 2 500~3 000 mL，其中由食物和体内转化可补给 1 300 mL，其余部分需通过饮水来提供。

2.合理饮水量

每日定时足量饮水可改善微循环并加速血液废物的排出、促进组织细胞的新陈代谢、提高机体免疫力及预防血液黏度增高等,对预防血液黏度异常等心血管早期病变、胃肠道疾病、龋齿等有一定意义。对于特殊人群,如青少年、老年人、孕妇、运动员、病患者等,某些饮水行为更适合他们的生理状况及需求。

过量地饮水也可能引起急性水中毒,可导致低钠血症。但对于一般情况而言,正常人很少会出现水中毒的情况,除了特殊情况,如当某一个体为了避免中暑,在短期内摄入大量水分而钠盐摄入不够时,就有可能导致低钠血症,严重时会危及生命。不良的饮水习惯可能会诱发"亚健康"状态或增加对某些疾病的易感性,甚至成为致病的源头。

适量饮水及饮用水水质对人体健康的影响是至关重要的。我国既往的膳食营养素供给量(RDA)和近年的膳食营养素参考摄入量(DRI)均没有提出水的需要量标准。目前,我国已经进行了部分城市居民每天饮水量、水分来源量的调查,可为今后制定水的适宜摄入量标准积累基础数据,同时为开展人群饮水健康教育工作提供依据。

**(三)饮水时段与健康**

科学的饮水主张定时定量饮水。一般人会根据自身的"口渴程度"调整饮水时间。殊不知当人体体液减少 2%时,细胞内液向细胞外转移,体内缺水的信息才向中枢反馈,感觉口渴时,细胞已处于一定程度的脱水状态。目前,可供参考的健康饮水模式多为改善各类人群的机能而设计,具体做法是将一天划分成多个时段并相应分配适当的饮水量,使每日的总饮水量达到最低需水量或推荐饮水量的要求。比如,对中老年人,一天中的 3 个时段是:清晨起床后、下午 3 时前后(午饭和晚饭的中间时段)以及晚上 9 时前后(晚饭与睡眠中间时段),饮用 500 mL 左右水量,还可依自身需求在其余时间再补充 500~1 500 mL 不等的水,这对心血管系统及消化系统颇有益处。也有不少资料强调用餐前后适量饮水有利于消化吸收,提出饭前 30 min 和饭后 1 h 是最佳饮水时段,但亟待进一步的试验数据加以证明。

**(四)饮水习惯与健康**

饮水习惯作为一种健康相关行为逐渐引起专家学者的关注。研究饮水习惯与健康的关系,不仅要关注传统意义上饮水习惯的分类,同时要考虑在社会心理因素影响下这一定义的外延，才能全面真实地反映饮水习惯这一行为因素与人类健康及疾病之间的关系。

1.饮水习惯与疾病预防

对一般的健康人群而言，饮水习惯与能量代谢、血流动力、内循环代谢、免疫功能、疲劳及衰老等有关。一旦上述的平衡关系被打破则容易诱发疾病。因此，以含糖饮料取代白开水的饮水习惯行为并不利于保持健康状态。由于很多致病物质是通过饮水途径进入人体的，因此不良的饮水习惯可增加对这类物质的暴露水平，尤其是涉及选择饮用水水源及处理生水的习惯。如在农村地区，饮用地表水与井水相比较，食管癌风险升高，而泉水则相反，这除因为泉水在性质上与人体理想的水构成较接近外，还与地表水受到污染有关。

2.饮水习惯影响因素

饮水习惯的影响因素很多，除年龄、性别、职业、季节、地域外，还有社会心理因素。后者大致可归为以下 3 类。

1)前置因素

前置因素指先于行为习惯形成，并为行为提供依据和动机的因素，它引发行为者产生实现某个行为的愿望，如饮水和健康相关的知识、对饮水行为所持的价值观及态度等。

2)促成因素

促成因素指实现行为所需的个人技能和资源，它提供了行为者实现此行为的条件，如生活的紧张程度、家庭收入、饮料的易得程度等。

3)强化因素

强化因素指通过行为的反馈作用决定行为是持续存在还是终止，可分为正向强化因素和负向强化因素。其中，对行为的奖励、激励和支持因素，属于正向强化因素，如地域文化、媒体广告的宣传等；惩罚、反对和需额外代价，则属负向强化因素，如饮料价格的提高。

这 3 类社会心理因素并不相互排斥，如家长对饮水习惯的认知，对培养青少年的饮水行为来说是一个前置因素，当青少年接受这种行为以后则主要起强化因素的作用。

# 第七章 饮用水指标超标对人体的影响

## 第一节 饮用水锌超标对人体的危害

### 一、人体内锌的生物学功能

锌是人体维持生理功能和正常代谢的必需微量元素,与人体的生长、发育、细胞的分裂繁殖、组织的修复有密切关系。锌是构成机体碳酸酐酶、乳酸脱氢酶等 80 多种酶的必需成分或激活剂,有着重要的生理作用,被列为人体必需的营养素。锌在人体内含量很少,男子约含2.5 g,女子约含 1.5 g,主要存在于肌肉、骨骼、皮肤中。血浆中锌主要与蛋白质结合,游离锌含量很低。锌缺乏时,机体将产生一些改变或临床症状。

**(一)锌的生理作用**

1.参与人体内许多酶的组成

锌是人体中 200 多种酶的组成部分,在按功能划分的六大酶类(氧化还原酶类、转移酶类、水解酶类、裂解酶类、异构酶类和合成酶类)中,每一类中均有含锌酶。人体内重要的含锌酶有碳酸酐酶、胰羧肽酶、DNA 聚合酶、醛脱氢酶、谷氨酸脱氢酶、苹果酸脱氢酶、乳酸脱氢酶、碱性磷酸酶、丙酮酸氧化酶等。它们在组织呼吸及蛋白质、脂肪、糖和核酸等的代谢中有重要作用。

例如,催化 $CO_2+H_2O \rightarrow H_2CO_3$ 反应的碳酸酐酶以足够的速率消除 $CO_2$ 而维持生命。这种酶可使人免于 $CO_2$ 中毒,没有这种酶就不能以足够的速率消除 $CO_2$ 而维持生命。因此,它对于 $CO_2$ 输送的重要性有如红细胞对氧的输送。在人体红细胞中,每摩尔的碳酸酐酶都含有 1 g 原子的锌。已证明在正常的生理条件下,红细胞中锌的含量与碳酸酐酶活力之间存在相关性。

又如，来自胰液的羧肽酶 A 和 B，每摩尔蛋白质都含有 1 g 原子的锌，锌原子对这些酶的催化作用是必需的。在试管内羧肽酶的锌可被其他金属如钴、锰、镍、铁、镉、汞和铅所取代，结果显著改变了催化作用和基质的特异性。羧肽酶 A 和 B 两者均随胰液进入肠道，参加蛋白质水解。

2.促进机体的生长发育和组织再生

锌是调节基因表达即调节 DNA 复制、转译和转录的 DNA 聚合酶的必需组成部分，因此，缺锌的明显症状是生长、蛋白质合成、DNA 和 RNA 代谢等发生障碍。缺锌儿童的生长发育受到严重影响而患缺锌性侏儒症。不论成人或儿童缺锌都能使创伤的组织愈合困难。锌不仅对于蛋白质和核酸的合成是必需的，而且对于细胞的生长、分裂和分化的各个过程都是必需的，对于正处于生长发育旺盛期的婴儿和青少年，对于组织创伤的患者，是更加重要的营养素。

锌对于胎儿的生长发育很重要。妊娠期间短时期缺锌，甚至也可发生先天性畸形，包括骨骼、大脑、心脏、眼、胃肠道和肺，胎儿的死亡率也会增加。

3.促进食欲

动物和人缺锌时，会出现食欲缺乏。口服组氨酸造成人工缺锌时（组氨酸可夺取体内结合于白蛋白的锌，使之从尿中排出，引起体内缺锌），也可引起食欲显著减退。这都证明锌在维持正常食欲中的作用。

4.维护性功能

试验表明，缺锌可使鼠类前列腺和精囊发育不全，精子减少，给锌后可使之恢复，已发生睾丸退变者则不能恢复。在人体上，缺锌使性成熟推迟，性器官发育不全，性机能降低，精子减少，第二性征发育不全，月经不正常或停止，如及时给锌治疗，这些症状都会好转或消失。

5.保护皮肤健康

人体因缺锌而影响皮肤健康，出现皮肤粗糙、干燥等现象，在组织学上可见，上皮角化和食道的类角化（这可能部分地与硫和黏多糖代谢异常有关，在缺锌动物身上已发现了这种代谢异常）。这时皮肤创伤治愈变慢,对感染的容易性增加。

6.增强免疫功能

近年来对锌在免疫反应中的作用已引起注意。根据锌在 DNA 合成中的作用,推测它在包括免疫反应细胞在内的细胞复制中起着重要作用。缺锌动物的胸腺萎缩,胸腺和脾脏重量减轻。人和动物缺锌时 T 细胞功能受损,引起细胞介导免疫改变,使免疫力降低。同时,缺锌还可能使有免疫功能细胞的增殖减少,胸腺因子活性降低,DNA 合成减少,细胞表面受体发生变化。因此,机体缺锌可削弱免疫机制,降低抵抗力,使机体易受细菌感染。

**(二)锌在人体内的分布和代谢**

1.锌在人体中的分布

成人体内含锌 2~3 g,存在于所有组织中,3%~5%在白细胞中,其余在血浆中。血液中的锌浓度全血约为 900 μg/100 mL,红细胞约为 1 400 μg/100 mL,白细胞含锌量约为红细胞的 25 倍,血浆和血清中的锌浓度为 100~140 μg/100 mL(血清锌浓度稍高于血浆锌浓度,高出 5~15 μg/100 mL)。锌主要在小肠内吸收,它首先与来自肝脏的一种小分子量的配体结合,进入小肠黏膜,然后与血浆中的白蛋白或运铁蛋白结合,随血流进入门脉循环。

2.锌在人体中的代谢

人均每天从膳食中摄入 10~15 mg 的锌,吸收率一般为 20%~30%。锌的吸收率可因食物中的含磷化合物植酸而下降,因植酸与锌生成不易溶解的植酸锌复合物而降低锌的吸收率。植酸锌还可与钙进一步生成更不易溶解的植酸锌钙复合物,使锌的吸收率进一步下降。纤维素亦可影响锌的吸收,植物性食物锌的吸收率低于动物性食物,这与其含有维生素和植酸有关。锌的吸收率还部分地取决于锌的营养状况。体内锌缺乏时,吸收率增高。吸收的锌,经代谢后主要通过胰脏的分泌而由肠道排出,只有小部分(每天约 0.5 mg)由尿排出,其量比较稳定,不受年龄、性别、摄入量和尿量的影响。汗中亦含有锌,一般约为 1 mg/L,在无明显出汗时,每天随汗丢失的锌量很少,但在大量出汗时一天随汗丢失的锌可高达 4 mg。对鼠类的研究表明,锌与铁相反,体内储备不易动员。因此,特别需要有规律的外源补充,尤其是在生长期。

**(三)锌缺乏症状**

锌缺乏时,主要表现为生长停滞。青少年除生长停滞外,还会导致性成熟推迟、性器官发育不全、第二性征发育不全等。如果锌缺乏症发生于孕妇,可以不同程度地影响胎儿的生长发育,甚至引起胎儿的种种畸形。不论儿童或成人缺锌均可引起味觉减退及食欲缺乏,出现异食癖。严重缺锌时,即使肝脏中有一定量维生素 A 储备,亦可出现暗适应能力降低。锌缺乏病一般没有皮肤干燥等症状,在急性锌缺乏病中,主要表现为皮肤损害和秃发病,也有发生腹泻、嗜睡、抑郁症和眼的损害。锌不同程度地存于各种自然食物中,一般情况下可以满足人体对锌的基本需要而不致缺乏,发生锌缺乏症主要见于以下几种情况。

1.以含有大量植酸和纤维素的粮食为主要食品

由于植酸和纤维素影响锌的吸收而引起锌缺乏病。

2.锌的需要量增加

在身体迅速成长时,在妊娠或哺乳期,不论按每千克体重计或热量计,人体对于锌的需要量都增加,若不及时补充锌的摄入量,就会引发锌缺乏症。

3.遗传因素

肠病性肢皮炎是一种少见的常染色体隐性遗传病,其家族患者小肠黏膜上皮细胞对锌的聚集能力降低,从而会影响锌的吸收,易发生锌缺乏症。

4.用缺锌或低锌的配方代乳食品喂养婴儿

婴儿从母体带来的锌储备很少,出生后几乎立即须依赖喂养所提供的锌。用母乳喂养婴儿时,如果母亲不缺锌,一般母乳均能满足婴儿锌的需要。但如果用缺锌或低锌的配方代乳食品时,则常易出现锌缺乏。

5.临床上采用完全肠外营养

长期接受肠外营养而未予补充锌的病人,可发生严重而急剧的锌缺乏病。其血浆锌值可低达 8 μg/L。同时,大量锌会随渗出液丢失,在烧伤等情况下,则可加速出现锌缺乏症。

6.手术

手术后的病人也可能发生锌缺乏,这时创伤的愈合可能受到影响。

7.使用螯合剂

在给予青霉胺、组氨酸等螯合剂时亦可引起缺锌,此时会出现食欲缺乏、味觉和嗅觉功能不全和中枢神经系统异常。

8.慢性肾病

慢性肾病患者可因尿中锌的排出增多而引起缺锌,此时除血清锌减少外,还可出现急性或慢性的锌缺乏症状。急性症状包括食欲缺乏、味觉及嗅觉功能不全和中枢神经系统功能异常。慢性症状包括生长发育迟缓、贫血、睾丸萎缩及创伤愈合延迟等。长期血液透析病人可因血浆锌下降而出现阳痿。

## 二、锌中毒对人体的危害

锌是人体必需的微量元素之一,是脑中含量最多的微量元素,是维持脑的正常功能所必需的,若长期饮用锌超标的水将会造成锌中毒,慢性锌中毒临床表现为顽固性贫血,食欲下降,合并有血清脂肪酸及淀粉酶增高,影响胆固醇代谢,形成高胆固醇血症,并使高密度脂蛋白降低20%~25%,最终导致动脉粥样硬化、高血压、冠心病等。

为预防水源性锌中毒的发生,在日常饮食中发现有异味,饮水中有乳白样色泽,甚至食后发生呕吐等异常现象时,应停止食用。锌中毒者的潜伏期为 5~30 min。主要症状为恶心、呕吐、腹痛、腹泻,重者可有休克现象。某些锌盐,如氯化锌,则可腐蚀组织,造成唇肿、喉头水肿,剧烈胃痛甚至胃穿孔、血便及腹膜炎、休克而致死亡。救治中毒者的关键是尽快送医院治疗,查明中毒原因。从中毒者的剩余食物和呕吐物中可验出较多的锌。对于中毒者,可用清水或碳酸氢钠溶液洗胃,然后灌入牛奶、鸡蛋等保护胃黏膜。使用二巯丁二钠、二巯基丙磺酸钠和青霉胺等解毒剂,并对症治疗,对脱水者输液,严重呕吐者可给予阿托品,循环衰竭者亦可用强心剂。

## 三、水的锌含量超标怎样处理

锌虽然是人体不可或缺的重要元素,维持脑功能的必需品,但是水中锌超标的后果是非常严重的,含锌废水处理方法有很多。

### (一)混凝沉淀法

混凝沉淀法的原理是在含锌废水中加入混凝剂(石灰、铁盐、铝盐),在 pH=8~10 的弱碱性条件下,形成氢氧化物絮凝体,对锌离子有絮凝作用,而共沉淀析出。尹庚明等采用混凝沉淀法对江门粉末冶金厂锰锌铁氧体生产废水进行处理,处理规模为 30~80 $m^3$/d。实验室试验和工厂实际运行结果表明,本法土建及设备投资少,工艺简便,运行费用低,处理效果好。悬浮物去除率可达 99.9%,浊度去除率可达 99%,悬浮物由 200~350 mg/L 降为 0.002~0.005 mg/L,浊度由 600~1 200度降为 6~8 度,出水水质达到一级标准,且出水和废水中的金属氧化物均可回收利用。

### (二)硫化沉淀法

硫化沉淀法利用弱碱性条件下 $Na_2S$、MgS 中的 $S^{2+}$ 与重金属离子之间有较强的亲和力,生成溶解度积极小的硫化物沉淀而从溶液中除去。硫加入量按理论计算过量 50%~80%。过量太多不仅带来硫的二次污染,而且过量的硫与某些重金属离子会生成溶于水的络合离子而降低处理效果,为避免这一现象可加入亚铁盐。

### (三)铁氧体法

铁氧体即为铁离子与其他金属离子组成的氧化物固溶体,该工艺最初由日本电气公司(NEC)研制成功。根据形成铁氧体形成的工艺条件,可分为氧化法和中和法,氧化法需要加热和通气氧化,要求添加新的设备,而中和法可以通过适当控制加入废水中亚铁离子和铁离子的浓度等条件形成铁氧体,可以不必增加设备,投资费用较低。在形成铁氧体的过程中,锌离子通过包裹、挟带作用,填充在铁氧体的晶格中,并紧密结合,形成稳定的固溶物。汤兵等研究了铁氧体法处理含锌、镍混合废水的工艺条件。

**(四)电解法**

电解法是利用金属的电化学性质,在直流电作用下,锌的化合物在阳极离解成金属离子,在阴极还原成金属,而除去废水中的锌离子。该方法是处理高浓度含锌废水的一种有效方法,处理效率高并便于回收利用。但这种方法的缺点是水中的锌离子浓度不能降得很低。所以,电解法不适用于处理较低浓度的含锌废水,并且此种方法电耗大,投资成本高。

**(五)离子交换法**

与沉淀法和电解法相比,离子交换法在从溶液中去除低浓度的含锌废水方面具有一定的优势。离子交换法在离子交换器中进行,此方法借助离子交换剂来完成。在交换器中按要求装有不同类型的交换剂(离子交换树脂),含锌废水通过交换剂时,交换机上的离子同水中的锌离子进行交换,达到去除水中锌离子的目的。这个过程是可逆的,离子交换树脂可以再生,一般用在二级处理。陈文森等利用静态吸附方法,试验结果表明,酸的存在对树脂吸附 $Zn^{2+}$ 影响很大,酸度越大吸附量越小,盐的存在在一定范围内有利于 $Zn^{2+}$ 的吸附,但超过一定浓度则不利于 $Zn^{2+}$ 的吸附。

不溶性淀粉黄原酸醋,是一种优良的重金属离子脱除剂,受到各国广泛的重视。张淑媛等探讨了用不溶性淀粉黄原酸醋脱除废水中锌离子的方法和最佳条件、脱除效果和影响因素,该法脱除率高,经一次处理脱除率大于98%,锌离子残余浓度小于0.2 mg/L,并且反应迅速,适应范围广,残渣稳定,无二次污染。

**(六)吸附法**

吸附法是应用多孔吸附材料吸附处理含锌废水的一种方法,传统吸附剂是活性炭及磺化煤等。近年来,人们逐渐开发出具有吸附能力的吸附材料,这些吸附材料包括陶粒、硅藻土、浮石、泥煤等及其各种改性材料,目前有些已经应用到工业生产中去。王士龙等对陶粒处理含锌废水进行了试验研究,探讨了陶粒用量、废水酸度、接触时间、温度等因素对除锌效果的影响。结果表明:在废水 pH 为 4~10、$Zn^{2+}$ 浓度为0~200 mg/L范围内,按锌与陶粒质量 1:80 的比例投加陶粒处理含锌废水,锌的去除率达99%以上,处理后的含锌废水达排放标准。

通过对以上传统的物理化学方法的介绍可以看出,这些方法不同程度上存在投资大、运行费用高、治理后的水难以达标、污泥产量大等问题。

**(七)生物法**

生物法是通过生物有机体或其代谢产物与金属离子之间的相互作用达到净化废水的目的,具有低成本、环境友好等优点,日趋成为世界各国研究的焦点。生物处理方法根据其原理不同,大致可以分为两类:生物吸附法和生物沉淀法。

1.生物吸附法

由于许多微生物具有一定的线性结构,有的表面具有较高的电荷和较强的亲水性或疏水性,能与颗粒通过各种作用(比如离子键、吸附等)相结合,如同高分子聚合物一样起着吸附剂的作用。国内外关于用生物吸附技术处理含锌废水的研究很多,主要集中在纯菌种的分离提取、基因工程菌的构造、混合菌的培养等方面。

2.生物沉淀法

以硫酸盐还原菌为代表的生物沉淀法处理含锌废水具有处理费用低、去除率高的优点。在研究取得进展的同时,暴露了营养源不能被生物充分利用,导致出水的COD值高,金属离子的毒害作用影响处理效果等缺陷。

## 第二节　饮用水锰超标对人体的危害

锰是人体必需的微量元素之一。成人体内一般含有12~20 mg的锰,这些锰遍布人体全身,主要储藏于肝、胰、肾,其次为脑、肺、前列腺、心、脾、睾丸、卵巢等器官。科学家们研究发现:锰具有激活体内多糖聚合酶和半乳糖转移酶的作用,这两种酶是细胞内合成硫酸软骨素所必需的酶,而硫酸软骨素则是组成骨骼、肌腱、皮肤和眼角的重要成分。若机体内缺锰,其结果是老年人容易出现疲乏无力、腰痛、牙齿早脱、骨骼易于断裂等早衰现象。最近国外科学家还发现骨骼疏松症的发生也与血液中缺锰元素有关，但若长期饮用锰超标的水可引起类似帕金森综合征或 Wilson 病那样的神经症状。

## 一、锰与人体健康及人体锰来源

### （一）锰在人体健康中的生理功能

锰也是人体必需的微量元素之一，分布于各个器官与组织中，人体含锰正常范围为 12～20 mg。人体脑下垂体中锰含量最丰富，而脑下垂体又是人体一切高级生命活动的控制中心，因此锰在人体内的作用相当重要。

锰同样参与人体多种酶的合成与激活，不仅可激活 100 多种酶，还是精氨酸酶、辅氨酸酶、丙酮酸羧化酶等活性中心的组成成分。这就决定了锰具有促进人体生长发育，调节内分泌系统，参与人体骨骼造血及人体糖、脂肪代谢，加快蛋白质、维生素 C、维生素 B 合成，提高免疫功能等重要作用。临床证明，锰对维持人体下丘脑-脑干-垂体-靶组织的生理功能十分重要。男性缺锰易发生输精管退行性变，导致精子数量少、质量低，性欲减退，性机能障碍，性周期紊乱。

有研究者观察到动脉硬化患者的心脏及主动脉内的锰含量明显低于健康人的，因此认为心血管疾病与锰的吸收不足也有关。

同时，研究发现锰对于稳定核酸的构型和性质、DNA 的正常复制有着重要作用。有医学专家综合调查发现，肝癌病人体内的锰含量比正常人的明显偏低，证实了锰有一定的防癌作用。

此外，研究还发现，锰是超氧化物歧化酶（SOD）的主要成分之一，SOD 能够消除自由基，对机体起保护作用，从而增强人体活力，延缓衰老，使人长寿。

### （二）人体的锰营养来源

人体锰营养主要来源于粮食和果蔬。统计发现，小麦、黑米、黄豆、大米、玉米、马铃薯中锰的质量分数依次为 36.7 μg/g、25.3 μg/g、22.9 μg/g、21.4 μg/g、5.9 μg/g、5.0 μg/g。研究发现，锰元素多集中在粮食的胚和表层部分，粗制的米和麦中锰的含量比精制的米和麦中的高，因此建议人们通过粗细食品搭配，保证微量元素锰的摄入。

另外,含锰量较高的坚果、甜菜、绿叶和红叶蔬菜、茶叶等也成为人们补锰的主要食物品种。有研究显示,茶叶中锰含量高达219.8 μg/g,饮用含锰量高的茶可用于辅助预防肝癌的发生。科学家对人体摄锰量进行了研究,结果发现成人每天摄取 2.2~8.8 mg 的锰即可满足生理需要。

## 二、饮用水铁、锰超标对人体的危害

铁、锰污染对饮用水源的危害是在我国很多地区都存在的问题,过量的铁、锰进入人体会严重危害人的健康。过量的铁危害人体肝脏,铁污染地区往往是肝病高发区,长期低剂量吸入过量的锰,会引起慢性中毒,可出现震颤性麻痹,有类似于精神分裂症的精神障碍和帕金森综合征样锥体外系统症候群,最后成为永久性残废。

据有关专家研究,人体含铁量为 60~70 ppm,人体中锰含量一般为12~20 mg。人们每天食用粮食、蔬菜即可满足铁锰的需求,因此饮用水中的铁、锰越少越好。

铁、锰过量摄入对人体有慢性毒害作用。人体铁的浓度超过血红蛋白的结合能力时,就会形成沉淀,致使机体发生代谢性酸中毒,引起肝脏肿大、肝功能损害和诱发糖尿病。锰的生理毒性比铁严重。每日给兔 0.5~0.6 g/kg 体重的锰就能阻止其骨骼发育。有的学者认为某些地方病与常年饮用含锰水有关。新近研究发现,过量的铁、锰还会损伤动脉内壁和心肌,形成动脉粥样斑块,造成冠状动脉狭窄而致冠心病。

同时,铁、锰的异味特别大,而且污染生活用具,使人们难以忍受。水中的铁、锰对工业是有百害而无一益的,任何情况下都希望越少越好。

我国有丰富的地下水资源,其中有不少地下水源含有过量的铁和锰,称为含铁锰地下水。清澈的天然地下水中,铁质主要为溶解性二价铁离子。当地下水提汲地面与空气接触后,含铁地下水不再清澈透明而变成“黄汤”(见图 7-1)。

图 7-1　污染水颜色

水中含有过量的铁和锰将给生活饮用和工业用水带来很大的危害。国际上规定生活用水中铁离子含量应≤0.3 mg/L，锰离子含量应≤0.1 mg/L。铁和锰都是人体需要的元素，正常范围内不至于影响人的健康。但水中铁含量>0.3 mg/L 时水将会变得浑浊，超过 1 mg/L 时，水会带有铁腥味；当锅炉、压力容器等设备以含铁量较高的水质作为介质时，便会造成软化设备中离子交换设备污染中毒，承压设备结褐色坚硬的水垢，致使其发生变形、爆管事故，因此对含铁水质除铁、除锰十分重要。

人体铁、锰超标时常见症状有：

(1) 头痛、失眠、健忘、多梦、焦虑、多汗。

(2) 肌肉震颤。先见于手指、眼睑、舌尖及全身，被他人注意时更明显；手足麻木肢体无力。

(3) 口腔黏膜溃疡、牙齿松动、齿龈肿胀、食欲缺乏、口有异味，严重时齿龈见一蓝黑色"汞线"。

(4) 肾功能减退、性功能减退、夜尿增多、全身浮肿。

(5) 引起高血压、冠心病、脑血栓、不孕症、贫血、慢性支气管炎等。

(6)影响青少年儿童的生长发育,常见有厌食、免疫力低下、反复呼吸道感染、贫血等。

(7)饮用水铁、锰过多,可引起食欲缺乏、呕吐、腹泻、胃肠道紊乱、大便失常,人体中铁过多对心脏有影响,甚至比胆固醇更危险。因此,高铁、高锰水必须经过净化处理才能饮用。过量的锰长期低剂量地吸入,会引起慢性中毒,可出现震颤性麻痹,严重危害人体的神经系统,据专家近期研究,过量的锰还会损伤动脉内壁和心肌,形成动脉粥样斑块,造成冠状动脉狭窄而致冠心病。饮用水除铁、除锰的关键是曝气氧化,用专门除铁锰净水器就可以解决。

## 三、锰超标的处理技术

水中锰超标已成为很多自来水厂处理中的一大问题,若不能很好地处理会导致管网水出现“黄水”现象,影响饮用水安全。

### (一)除锰方法比较

水体中的锰主要包括溶解态的二价锰和非溶解态的四价锰。四价锰通过自来水厂常规工艺可去除,不影响出厂水质;二价锰在天然水体pH条件下难以快速被溶解氧氧化,常规处理工艺(混凝、沉淀、过滤)不能有效去除,在清水池及管网中随着停留时间增长会慢慢被氧化成二氧化锰,造成“黄水”现象。对水厂出厂水质会造成影响的是二价锰,二价锰的去除方法主要是先将其氧化成非溶解态的四价锰后去除,目前在自来水厂常用的处理方法有高锰酸钾氧化法、氯氧化法、锰砂接触氧化法、曝气氧化法等。

#### 1.分层取水

水库水锰超标主要由于夏季水库水分层,导致水库底部缺氧呈还原态,非溶解态的四价锰被还原为溶解态的二价锰。通过对多个地区、水库的不同水样取样分析,二价锰含量随着水深的增加而升高,底部二价锰含量最高,上层锰含量一般均达标。

表7-1为某水库不同水深锰含量情况,水库上层10 m的水中锰含量≤0.05 mg/L,随着水深的增大锰含量越来越高。在其他指标正常的情况下,可分层取水的水厂可采取分层取水的方法避免锰超标现象。

表 7-1　某水库中锰含量沿水深变化

| 距水面距离/m | 锰含量/($mg \cdot L^{-1}$) |
| --- | --- |
| 0~8 | <0.05 |
| 10 | 0.05 |
| 12 | 0.30 |
| 15 | 0.55 |
| 18 | 0.60 |
| 20 | 0.75 |

2.曝气氧化除锰

曝气氧化是通过氧气将二价锰氧化成四价锰,再经过混凝、沉淀、过滤等工艺进行去除。锰的氧化还原电位差随 pH 的升高而增大,原水 pH 在中性左右,二价锰氧化成四价锰的速度很慢,需提高 pH 才能加快氧化速度。李圭白等研究表明,需将 pH 提高至 9.5 以上,才能提高溶解氧对二价锰的去除率。以某水厂原水(锰含量为0.289 mg/L)进行试验,pH 提高至 8.68 进行曝气 10 min,锰的去除率仅为 41.5%,可见该方法存在非常大的局限性,水厂一般不采用。

3.臭氧氧化除锰

臭氧能将二价锰迅速氧化成四价锰,但需严格控制臭氧的投加量,当投加量超过理论值时,二价锰会被氧化成七价锰,导致“红水”现象。另外,臭氧设备及后期运行成本高,水厂很少采用该方法。

4.接触氧化除锰

接触氧化除锰主要在滤料的催化作用下利用溶解氧、氯等氧化剂把二价锰氧化成四价锰进行去除,滤料主要分为 2 种:锰砂滤料和石英砂滤料。

1)锰砂滤料

锰砂是含有一定量二氧化锰的滤料,主要分为天然锰砂和复合锰砂。锰砂除锰的效果不仅和二氧化锰含量有关,还与水中溶解氧含量、pH 等有关。pH 越高,锰砂除锰效果越好。锰砂除锰在北方自来水厂使用案例多,运行效果好。而南方自来水厂由于原水 pH 低,仅通过锰砂除锰去除效果并不理想,需加碱提高 pH 才能达到稳定去除的效果。

安徽某自来水厂供水规模为 10 万 $m^3/d$,一期规模为 4 万 $m^3/d$,二期规模为 6 万 $m^3/d$。一期采用折板反应池+斜管沉淀池+虹吸滤池的处理工艺,二期采用折板反应池+平流沉淀池+V 形滤池的处理工艺。原水取自水库下层,近 7 年来均出现了季节性锰超标情况,原水中锰含量在 0.10~0.37 mg/L。为解决锰超标问题,将石英砂更换为锰砂,但在不加碱的情况下除锰效果并不理想。

图 7-2 为水厂在不同 pH 下锰砂对锰的去除率,原水锰含量为 0.366 mg/L。水厂只能通过投加氢氧化钠将 pH 提高至 8.0 以上才能保证出厂水锰含量在 0.10 mg/L 以下。这不仅成本很高,而且出厂水 pH 还会偶尔超标。

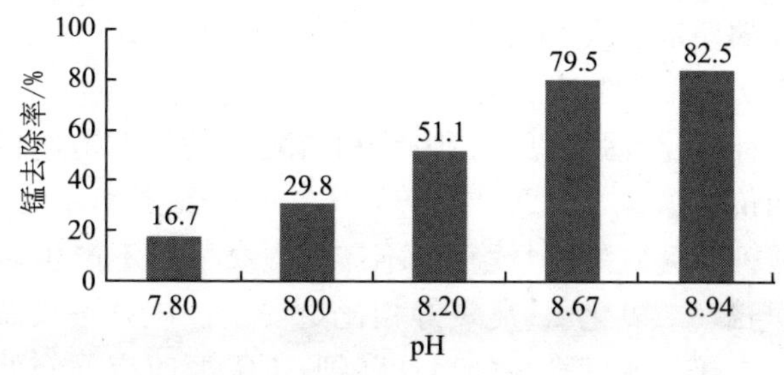


图 7-2　在不同 pH 下锰砂除锰效果

某水厂打算通过投加高锰酸钾进行除锰,避免因锰砂除锰而带来的高成本及 pH 超标问题。水厂进行了中试试验,中试过程中停止投加氢氧化钠,投加高锰酸钾后,过滤前二价锰含量已小于 0.10 mg/L,但过滤后二价锰含量反而上升,若同时投加氢氧化钠,过滤后二价锰含量正常。

虽然锰砂除锰在北方自来水厂水处理中应用广泛,但是在所接触的南方自来水厂中使用效果并不理想,不仅需加碱提高 pH 来保证去除率,还存在停止加碱后出厂水锰含量反而上升的情况。因此,锰砂在南方自来水厂中除锰的应用条件及存在的问题还需进一步研究。

2)石英砂滤料

在滤池前向含锰的水中加氯后,经过石英砂滤层一段时间过滤,能在石英砂表面形成具有催化活性的锰质滤膜,形成锰砂,起到吸附催化氧化除锰的作用。

某水务集团下的3个自来水厂使用该方法进行除锰,锰砂未形成时锰去除率低,当锰砂形成后,按锰含量的1.3倍投加氯后能达到稳定的除锰效果,且不需要提高pH。水厂取形成锰砂后的石英砂进行试验,将锰含量为5.0 mg/L的水样降至0.05 mg/L以下。

不仅可通过加氯使石英砂形成锰砂,在投加高锰酸钾过程中同样能达到该效果,发现黄岩澄江、宁波邱隘等自来水厂在投加高锰酸钾15 d左右后,能使石英砂形成锰砂,可起到除锰效果,运行过程中锰含量为0.20 mg/L的水样经过滤池过滤后降至0.05 mg/L以下,可提高高锰酸钾除锰的稳定性。

5.高锰酸钾氧化除锰

高锰酸钾氧化性强,可以在中性和微酸性条件下迅速将水中二价锰氧化为四价锰。

高锰酸钾除锰效果好且稳定,不需要提高pH,不产生对人体有害的副产物,与氯、二氧化氯、臭氧等相比更安全。该方法只需要向原水中投加1.5~2倍原水锰含量的高锰酸钾,不需要改变原有处理工艺和增建大型水处理构筑物,经济有效,简便易行。这是目前浙江省自来水厂处理锰超标的主要方法。

**(二)高锰酸钾除锰应用**

1.投加点的选择

当水的pH在6.5以上时,高锰酸钾氧化水中二价锰的速度很快,随着pH升高而加快,当pH>7.0时,反应在1~2 min内完成,故高锰酸钾投加点选择在加矾前即可。水厂有条件提高原水的pH时,建议先投加碱,有助于除锰效果;投加活性炭时,建议高锰酸钾投加点选择在进水前端,待高锰酸钾反应完成后再投加活性炭。

2.投加量的控制

氧化1 mg的二价锰需1.91 mg的高锰酸钾,但实际上所需的高锰

酸钾量与理论值有偏差,主要有几方面因素:

(1)高锰酸钾与二价锰反应生成二氧化锰,二氧化锰能起到吸附作用,可降低高锰酸钾投加量。

(2)一般原水中二价锰超标时,二价铁往往也超标,二价铁会消耗部分高锰酸钾。

(3)水中其他还原性物质如硫化物会消耗高锰酸钾,使投加量增加。

3.反馈取样点

选择自来水厂常用的沉淀池为平流沉淀池,沉淀设计时间一般为1.5~2 h,加上反应及过滤时间,原水到滤池出水需 2 h 以上。用滤池出水检测结果来判断高锰酸钾投加量是否合适不够及时。通过在多个水厂的试验及实践,可取反应池后段(高锰酸钾完全反应)的水样,经过滤纸或滤膜过滤后再测定锰含量来判断高锰酸钾投加量是否合适,及时调整投加量,提高出水的稳定性。

4.注意事项

1)滤后浑浊度的控制

高锰酸钾除锰是将可溶性的二价锰氧化成不溶性的四价锰,再通过混凝、沉淀、过滤得以去除。如果混凝、过滤效果差,会导致出水色度偏高且锰含量超标。实践表明,当滤后浑浊度大于 0.5 NTU 时,存在发生该情况的风险,投加高锰酸钾时,需控制好常规处理效果,保证出水浑浊度。

2)干扰因素的避免

当原水存在易被氧化还原性物质(如硫化物)且含量波动较大时,对高锰酸钾投加量的控制影响较大,可在投加高锰酸钾前投加过量的氯将还原性物质去除后再投加高锰酸钾,避免其他物质对高锰酸钾投加量的影响,提高稳定性。

3)加强监测工作

由于高锰酸钾投加过量会导致出水有红色,很多水厂对于投加高锰酸钾有顾虑。实际上做好以下 3 点是能保证除锰效果及避免“红水”现象的。

(1)监测原水中锰含量。正常情况下,1 天内原水中锰含量波动较小,但仍需定期进行监测,保证高锰酸钾投加量正常,当气温发生较大变化时,需加强测定频率。为能及时了解原水中锰含量的情况,建议在原水加药前安装锰含量分析仪,可每小时自动测定锰含量,便于调整高锰酸钾投加量。

(2)观察颜色。高锰酸钾与二价锰反应生成二氧化锰后呈黄色,在反应池内颜色呈褐色,该情况正常,可取反应池中后段水样观察颜色,不出现微红色说明投加量未过量。在反应池进口端出现红色属正常情况,如 pH 低、反应时间短等都会导致没有完全反应。

(3)及时调整高锰酸钾投加量。当原水中锰含量发生变化时,需及时调整高锰酸钾投加量,保证出水稳定性。

5.高锰酸钾储存管理

高锰酸钾属于公安部门严格管控的易制毒品,水厂必须将高锰酸钾储存在专用仓库、专用场地或专用储存室内,由具备专业知识的人员管理,人员配备安全防护用品,仓库双锁管理,做好出货记录,对每批出货有详细的跟踪记录。高锰酸钾为强氧化剂,应储存于阴凉、通风的库房。高锰酸钾与某些有机物或易氧化物接触,易发生爆炸,接触易燃材料可能引起火灾。仓库应远离火种、热源,不应与酸类、易燃物、有机物、还原剂、自燃物品、遇湿易燃物品等同仓共储。

## 第三节　饮用水氟超标对人体的危害

氟广泛存在于自然水体中,人体各组织中都含有氟。氟主要积聚在牙齿和骨筋中,适当的氟是人体所必需的,若长期饮用氟超标的水轻则造成氟斑牙,重则引起氟骨症,原理在于过量的氟会影响骨骼的正常代谢,导致关节、脊柱和四肢畸形,对于儿童还会引起牙釉质矿化不全,牙齿松脆、易折,牙齿无光泽、表面不平、出现色泽不一的斑点。

### 一、氟与人体健康及人体氟来源

氟是自然界存在的化学物质,以无机化合物或络合物的形式赋存于岩石、土壤、空气中,并被动植物吸收,通过饮水和食物链摄入人体,由于地壳表层元素分布的不均匀性，使各地的氟的分布差异很大，在干旱少雨地区浅层地下水含量较高，流经高氟矿床或高氟基岩的深层地下水及泉水和地热水含氟量较高，大部分地表水含氟量较低；随着人类活动增加，采矿、冶炼、化工等工业的发展，废水、废气的排放，也使各种水源水氟含量有所变化；不同地区的人群通过当地饮水和食物等多种途径摄入氟，生活在高氟地质环境中的人群可出现地方性氟病，如高氟煤炭造成的燃煤型氟污染，也增加了人群氟暴露因素，通过食用玷污的粮食和吸入空气发生氟病。

氟参与人体的正常代谢，适量的氟可以维持机体钙磷正常代谢，促进骨骼和牙齿的生长发育，但摄入大量的氟，使血钙与氟结合，破坏钙的正常代谢。由于氟化物的沉积，使骨质硬化，密度增加，使骨皮质增厚，髓腔变小，严重时出现氟骨症的症状和体征；组织液中低浓度的氟可进入正在形成的矿化牙齿磷灰石晶体中，变成氟磷灰石，使磷灰石晶体的结晶性、稳定性和硬度得到增强，氟还具有防龋作用，其作为齿菌斑的组成部分，可抑制菌斑细菌的生长代谢。过量氟摄入可抑制机体内磷酸酶的作用，从而对造釉细胞产生影响，使釉质发育不全，氟浓度越高影响越大，造成不同程度的氟斑牙。综上所述，氟对机体的影响具有双重性，低浓度时既利于骨骼生长发育，还有防龋功能，高浓度则相反，可造成氟斑牙甚至氟骨症，但两者之间形成交叉。

人体氟总摄入量，由于年龄因素而有所区别，我国为防治地方性氟病，规定 8～15 岁人群氟总摄入量<24 mg/d，15 岁以上人群<3.5 mg/d。我国营养学会提出的氟适宜摄入量随年龄增加而增加：

0 岁：0.2～1.0 mg/d。

7 岁：1.5～2.5 mg/d。

成人：1.5～4.0 mg/d。

我国除制订水氟允许浓度外，还制订了食品氟含量标准，其中粮食、蛋类、蔬菜为 1 mg/kg，水果为 0.5 mg/kg，肉类为 2 mg/kg。空气日均最高浓度为 0.007 $mg/m^3$。但据各地实测资料，与上述标准有较大变幅，尤其是海产品和茶叶含量较高。但除氟病区外，通常情况下，人体食物氟摄入量为 1～1.5 mg/d，其余均由饮水摄入，以成人水摄入量

(包括饮水和烹调水)2 L计,7岁以下儿童以1 L计,饮水氟含量0.5~0.7 mg/L是安全的。

城市饮用"纯水"可能出现低氟危害。由于水源污染而常规净化工艺不能完全去除污染物,于是深度净化饮水在大中城市得以迅速发展。据有关报道,有的城市饮用桶装水或直饮水的人口高达30%~40%,而无论是桶装水还是直饮水系统,现行的深度净化多采用反渗透技术,去除污染物的同时去除天然水中包括氟化物在内的无机盐类。当前关于饮水氟化问题存在两种意见,一种是反对氟化,但这种争论是基于现有城市自来水含氟量<0.1 mg/L的条件下出现的,在饮用"纯水"其含氟量<0.1 mg/L的情况下,无论是口腔医学专家,还是地方病防治专家、公共卫生专家都不会反对纯水氟化。还需指出,我国城市儿童龋齿患病率高于农村儿童,氟化饮水更显得重要。

由于我国各地气候条件、饮食习惯及食物含氟量均有差异,"纯水"氟化必须因地制宜,适当控制加氟量,大多数地区可控制在0.5~0.7 mg/L;纯水生产消费具有明显的地区性,大多当地生产当地消费,因此,针对性地氟化是完全可能的。建议当地卫生部门针对上述因素制定"纯水"氟化程度,而生产企业在纯水标签上注明氟含量,以便于消费者选购。此外,桶装天然矿泉水一般含氟量较高,我国天然矿泉水水质标准规定氟含量为2 mg/L,是否适宜长期饮用也值得关注。

## 二、氟中毒的临床表现

氟中毒是严重危害人民健康的地方病之一。它是一种慢性全身性疾病,主要表现在牙齿和骨骼上。

### (一)氟斑牙

过量的氟不仅对牙齿、骨骼等硬组织有损伤作用,还可损伤其他软组织器官。氟对牙齿的损害主要表现为氟斑牙,氟斑牙是在牙釉质形成期摄入过量的氟引起的,主要危害7~8岁以下的儿童,一旦形成残留终生,轻则影响牙齿的美观,重则由于严重缺损、磨损或过早脱落,影响咀嚼消化功能,危害健康。

### (二)氟骨症

氟骨症主要发生在成年人,特别是20岁以后患病率随年龄增加而升高。儿童也可发病,但很少。摄入过多氟,会形成较易沉积的氟化钙,引起骨密度增加、骨质变硬、骨质增生、骨皮质及骨膜增厚,引起氟骨症,使骨及骨关节麻木、疼痛、变形,出现弯腰驼背等功能障碍,严重者丧失劳动能力乃至瘫痪。

### (三)其他系统

氟可使肌肉蛋白合成发生障碍,引起继发性肌肉损伤,还会对肾脏产生损伤,使肾功能降低。高氟还可引起动脉血管中层钙化,可发生动脉硬化性心脏病等。

## 三、饮用水除氟技术

氟是人体所需微量元素之一,但饮用水中氟含量过高,会对人体健康造成极大的危害。饮用水除氟方法主要有沉淀法、电凝聚法、膜分离法、离子交换法和吸附法。其中,吸附法较为成熟,应用最广泛。

### (一)沉淀法

沉淀法可分为两种,即化学沉淀法和混凝沉淀法。

#### 1.化学沉淀法

化学沉淀法就是向含氟废水中加入某种阳离子,与氟离子反应产生难溶物,再通过固液分离从而去除 $F^-$。目前常用石灰沉淀法、钙盐沉淀法等。石灰沉淀法可用于处理高浓度含氟废水。钙盐沉淀法因可溶性钙盐(如 $CaF_2$等)溶解度好,能有效提高 $Ca^{2+}$浓度,除氟效果较好。但受 $CaF_2$沉淀的溶解度限制,生成 $CaF_2$的速度较慢,因此只能将出水中氟浓度降低到8~10 mg/L,且产生的污泥量大。Masamb 等研究了马拉维的石膏除氟效果,试验结果表明:在400 ℃高温条件下煅烧的石膏具有最高的除氟能力(67.8%)。AldacoR 等基于钙盐沉淀法的除氟原理研究出流化床除氟反应器,除氟率略有提高,但是在处理低浓度含氟水时去除率仍然低于40%。

#### 2.混凝沉淀法

混凝沉淀法是向含氟废水中加入混凝剂,利用混凝剂中的金属离子水解生成细微的胶核与絮绒体,吸附氟离子产生共沉淀除氟,该法主要用于含氟废水深度处理。混凝沉淀法主要采用铁盐和铝盐两大类混凝剂。铁盐类混凝剂一般除氟率不高,仅为10%~30%。若要提高除氟率则要在较高的pH条件下(pH>9)配合氢氧化钙使用,且排放废水需用酸中和调整后才能达到排放标准,工艺较为复杂。常用的铝盐混凝剂有硫酸铝、聚合氯化铝、聚合硫酸铝等。使用硫酸铝时,混凝最佳pH为6.4~7.2。与钙盐沉淀法相比,铝盐混凝沉淀法药剂投加量少、处理水量大、成本低、一次处理后出水即可达到国家排放标准,适用于工业废水的处理。

如今,两种沉淀方法已基本上结合起来使用:一般先加阳离子进行化学沉淀,再加混凝剂吸附沉降,以达到处理要求。

随着新型絮凝剂的开发,在沉淀法处理的基础上,再加入高分子絮凝剂以加快絮状物的生成及沉降,除氟效果更好。天然高分子化合物能改性为阴离子或阳离子絮凝剂,与人工合成的聚丙烯酰胺类絮凝剂相比无毒性,适用于饮用水处理,且价格低,能推广使用,沉降速度更快,占地少。

**(二)电凝聚法**

电凝聚法(EC)是饮用水除氟的一种有效的方法。原理是利用电解过程产生凝聚剂离子,然后与$F^-$发生凝聚反应。双极性铝电极法除氟目前应用较多,在该方法中,铝电极上同时存在阴极反应和阳极反应,增加了阳极有效面积并缩短了反应时间。除氟原理与投加铝盐混凝沉淀相似,区别在于电凝聚法中的$Al^{3+}$由阳极即时产生,在合适的pH条件下生成$Al(OH)_3$,最后聚合成$Al_n(OH)_{3n}$,该聚合物对$F^-$有极强的亲和力使之能与$F^-$快速反应形成络合物沉淀,同时由于电浓缩作用,阳极附近的$F^-$浓度往往较高,$Al^{3+}$能与高浓度的$F^-$形成$AlF_6^{3-}$从而生成不溶盐$Na_3AlF_6$。电极间距、pH、原氟水浓度、电流密度都对除氟率有影响,李向东等试验表明在一定试验条件下,反应10 min后出水中$F^-$浓度符合国家标准。电凝聚法设备紧凑、出水水质好,适于广大农村地区分散式除氟。但电凝聚法耗电量大,铝板电极容易钝化,且对水质的pH要求较高。

### （三）膜分离法

膜分离技术就是以化学位差或外界能量为推动力，利用膜对不同组分选择透过性的差异对多组分混合体系进行分离、分级、提纯和浓缩。饮用水除氟主要采用电渗析技术和反渗透技术。电渗析处理技术是在外加直流电场作用下，利用离子交换膜的选择透过性，使水中氟离子、阳离子做定向迁移。反渗透技术是用足够的压力使高氟水中的水分子通过反渗透膜（或称半透膜）而分离出来的纯物理过程。反渗透系统对原水水质要求较高，一般用于预处理，是比较先进的膜分离技术，氟去除率能达90%以上，并且能同时去除水中其他无机污染物。但此方法需要消耗一定的能量，处理能力有限。

### （四）离子交换法

离子交换法是利用离子交换剂将水溶液中的氟离子交换吸附除去，代表方法是活性氧化铝法。活性氧化铝对 $F^-$ 有强的选择性和亲和性，而且其表面积大、吸附性好，用于含氟废水的深度处理。但其成本高，交换剂再生频繁，适用于小型水处理工程。离子交换法对废水水质要求严格，不适用于含氟量较高的废水。

### （五）吸附法

吸附法是 $F^-$ 通过吸附设备，与吸附剂上的其他离子或基团交换而留在吸附剂上，从而被去除，再通过再生恢复吸附剂的交换能力。吸附法操作简便、效果稳定，主要用于低浓度含氟废水的处理，也是目前应用最广泛的方法。目前常用的氟吸附剂为含铝吸附剂、天然高分子吸附剂、稀土吸附剂和其他类吸附剂。

1.含铝吸附剂

1）活性氧化铝吸附剂

活性氧化铝是最初用于除氟的物质，具有特殊的表面化学环境，主要用作吸附剂。在表面包裹氧化铝得到一种除氟效果很好的凹凸棒吸附剂，对含氟为4.20 mg/L的模拟水样经吸附滤柱后，其除氟率可达95%以上，累计氟吸附容量达到10.5 mg/L。其除氟效果主要受溶液pH、吸附容量及接触时间等因素影响。吸附过程中，表面吸附和颗粒内部吸附共存，并遵循一级反应动力学，符合Langmuir或Freundlich吸附等温线。由于活性氧化铝吸附容量不高、吸附速度慢等问题的存在，它在饮用水处理中的应用受到很大限制。

2)聚合铝盐吸附剂

这种吸附剂能够发挥铝盐吸附与絮凝的双重作用，从而有效地除去水中的氟离子。聚合铝盐加入聚合氯化铝中，增强了其电荷中和能力或其配位能力。聚合铝盐吸附剂因其卓越的吸附性能逐渐引起广大研究者的注意。

3)分子筛吸附剂

分子筛，也称沸石，是一种三维无限结构的含水的碱或碱土金属的铝硅酸盐矿物，具有独特的离子交换和吸附特性。但由于其本身除氟容量低，必须经过一定的预处理（所谓的活化）才能用于除氟。常用的活化方法是将沸石破碎至一定粒度后再用碱和铝盐处理，最后烘干备用。近年来，改性沸石用于除氟研究多有报道，并且大多效果良好。陈红红等用以人造沸石为载体的载铝改性沸石处理 10 mg/L 的水样，改性沸石用量只需 8.0 g/L，除氟率达 92.5%。

2.天然高分子吸附剂

1)壳聚糖吸附剂

用壳聚糖作吸附剂可有效去除饮用水中的三卤甲烷类物质。而常用的活性炭吸附只能去除水中的杂质，不能有效吸附卤代物。壳聚糖可开发用作饮用水净化装置填料。将不同粒径的蟹壳经过稀酸稀碱处理，再用浓碱处理得到壳聚糖。壳聚糖作为吸附剂，不但吸附效果好，无二次污染，而且解决了壳聚糖的重复利用问题，有着可观的应用前景。

2)茶叶质铁吸附剂

茶叶中加入甲醛溶液与 $H_2SO_4$ 溶液充分反应，使茶叶表面与甲醛硫酸溶液充分接触，用 $FeCl_3$ 溶液处理，会得到茶叶质铁吸附剂。茶叶质铁表面具有许多复杂的基团，能够强力吸附氟离子。

3)龙口褐煤吸附剂

龙口褐煤的主要化学成分为腐植酸，是一种天然吸附剂，因含有 -OH、-COOH 等活性基团，所以对某些分子和离子具有良好的吸附性。由于其价格低，自然资源丰富，以其作为含氟离子的水处理剂具有广泛的应用前景。

4）功能纤维吸附剂

功能纤维吸附剂是一类具有吸附性能的纤维状吸附剂。根据吸附行为特征,吸附功能纤维可分为活性炭纤维、离子交换纤维、螯合纤维等,这些纤维都具有较大的表面积和均一的孔结构。活性炭纤维是有机纤维经过高温炭化制得的。离子交换纤维是将具有或能转换为离子交换基团的单体或聚合物与能成纤的单体或聚合物共混或共聚,然后纺成纤维,或是通过天然或合成纤维改性制得,是一种高效的氟离子吸附剂。

5）木质素吸附剂

木质素是一种广泛存在于植物体中的无定形的、分子结构中含有氧代苯丙醇或其衍生物结构单元的芳香性高聚物。它的衍生物在水处理上有许多用处。因为木质素分子结构上含有羟基、酚基、羰基等活性基团,利用木质素进行除氟,可以充分利用资源,降低成本。

6）骨炭

以畜骨为原料的骨炭,无毒害,作为饮用水除氟剂,在国内外得到了大量的研究与应用。骨炭主体成分为羟基磷酸钙,优点是对原水的适应范围宽、工作能耗小、运行费用低、再生容易,适合农村应用。但处理过后的水会变色,并有异味,同时其粒径较小,会增大吸附柱水头损失,因此用粉末骨炭做吸附柱除氟不太现实。

3.稀土吸附剂

众多除氟剂中,稀土金属氧化物因吸附量大且污染小而逐渐受到重视。某些稀土金属（如 Ce、Nd、La、Ti 等）与水配位形成的水合氧化物对 $F^-$ 的吸附能力较强,可作为除氟剂,其吸附容量是铝系吸附剂的4~6倍,吸附后可用氢氧化钠再生。将这些水合氧化物负载在大孔的吸附树脂上,制成球状无机/有机复合材料,对含氟水进行处理,效果较好。但吸附树脂价格较贵,目前已有学者利用二氧化硅为基质,$CeO_2$/$TiO_2$ 为包覆物质制备出新型除氟剂,效果较佳。

4.其他类吸附剂

其他类吸附剂包括一些常用的吸附剂如活性氧化镁、活性炭等。氢氧化镁是一种绿色环保型的水处理剂,具有活性大、吸附容量高等优点,而且无毒无害。我国的含镁资源较丰富,可以经过处理得到优质的氢氧化镁水处理剂。活性炭本身除氟容量低,不易再生,但对活性炭进行羟基磷石灰(HAP)负载,试验表明,在一定条件下,除氟能力比活性炭增加14倍。

不同的吸附剂都有其本身最佳使用范围,对于氟含量较高的废水与氟含量较低的废水,所选用的吸附剂是不同的。所以在处理含氟废水时,要根据具体的情况选取最适宜的吸附剂。

## 第四节　饮用水总氮超标对人体的危害

总氮超标主要源于有机氮污染,是水体富营养化的重要指标,而总氮超标在微生物作用下,可分解成亚硝酸盐氨,最终成为硝酸盐氨,是微生物对水体的净化过程。但是一方面微生物的大量繁殖,例如藻类过量繁殖,引起水华赤潮,其代谢产物,例如藻毒素有致肝癌等毒性。另一方面当水中的亚硝酸盐氨过高时,饮用此水将和蛋白质结合形成亚硝胺,这是一种强致癌物质。

### 一、氮的存在形式和氮污染的危害性

#### (一)氮的存在形式

地表水体和地下水中的氮主要是离子态氮,其中以 $NO_3-N$(硝酸盐氮)为主,其次还有 $NH_4^+-N$(离子态氨氮)和 $NO_2-N$(亚硝酸盐氮);以溶解气体形式存在的氮主要有 $NH_3$(游离氨或称非离子氨)、$N_2$(氮气)和 $N_2O$(一氧化二氮)等;此外,氮还以 Org-N(有机氮)形式存在于水中的有机质里。

#### (二)氮污染对人体健康的危害性

水体中氮含量超标不仅使水环境质量恶化,还对人体健康有严重危害作用。

供饮用的地面水源和地下水中 $NO_3^-$ 和 $NO_2^-$ 的含量过高能引起变性血色素症。$NO_2^-$ 可直接与人体血色素起反应生成变性血色素。变性血色素能破坏红细胞的载氧能力,当人体血液中变性血色素含量过高时就会引起严重缺氧而导致死亡。

饮用水中 $NO_3^-$、$NO_2^-$ 含量高可使肝癌、食管癌、胃癌的发病率增高。在人胃中 $NO_3^-$ 还原为 $NO_2^-$ 继而与人胃中的仲胺或酰胺作用形成亚硝胺,这是一种致癌、致畸物质。饮用水中 $NO_3^-$、$NO_2^-$ 含量高对人体心血管系统有害,还会干扰机体对维生素 A 的利用,导致维生素 A 缺乏症。克山病的亚硝酸盐中毒说认为克山病的流行与饮用水中 $NO_3^-$、$NO_2^-$ 含量高有关。

## 二、水环境氮污染的机制

### (一)水体中氮的来源

地表水体和地下水中氮极少部分为天然来源,主要为人为来源。天然来源主要是土壤中的有机氮和硝酸盐以及与某些沉积物一起沉积的氮。人为来源主要有以下几个方面。

1.城镇生活污水

城市和村镇生活污水和生活垃圾中含有大量氮素,其中主要是 $NH_4^+$-N,其次是有机氮。例如,上海市生活污水总氮含量最高可达 90 mg/L。

2.工业废水

某些工业废水中含有大量氮素,除有机氮、氨氮外,也常含有亚硝酸盐氮和硝酸盐氮。如造纸废水总氮含量大于 20 mg/L,化工废水为30~76 mg/L。

3.化学肥料和农家肥料

对农田,施用化学肥料和农家肥料也是引起水环境氮污染的主要人为因素之一。农用肥料中有许多是氮肥,如碳酸铵[$(NH_4)_2CO_3$]、硝酸铵($NH_4NO_3$)、硫酸铵[$(NH_4)_2SO_4$]、尿素、氨水等有机肥,尤其是农家肥含有大量氮素。

### (二)水-土体系中氮污染物的转化和迁移规律

1.水-土体系中各种氮污染的转化规律

水-土体系中各种氮污染物在一定条件下可以相互转化,主要有以下转化机制。

1)有机氮的氨化作用

水-土体系中的含氮有机化合物在异养型微生物如各种细菌、真菌、放线菌等作用下先降解成含氨基的简单有机化合物,进而分解成氨,同时可能产生有机酸、醇、醛等较简单中间产物,这是有机氮转化为氨氮的作用。氨化作用可以在好气条件下进行,也可以在厌氧条件下进行,但在好气条件下氨化速度较快。

2)硝化作用

土壤和充氧水体中的氨氮在自养型微生物亚硝化菌作用下氧化成 $NO_2^-$ 继而在硝化菌作用下氧化成 $NO_3^-$ 的过程。硝化作用是氨氮转化为亚硝酸盐氮和硝酸盐氮的过程。有机质含量低的碱性土壤和 pH 较高的充氧水体都有利于氨氮的硝化作用。

3)反硝化作用

水-土体系中的 $NO_3^-$ 在反硝化菌作用下先还原为 $NO_2^-$,继而还原为分子氮($N_2$)或氧化亚氮(一氧化二氮 $N_2O$)。反硝化菌以异养型菌为主,它必须以有机质碳作为能源并在厌氧条件下繁殖,所以在有机质丰富、pH 为 8~8.6 并处于强厌氧还原环境的土壤和水体中反硝化作用速度最快。

2.土壤和地表水体中的氮污染物向地下水的迁移规律

从上述水-土体系中各种氮污染物的转化机制看,留在土壤和地表水体中比较稳定的氮污染物主要是 $NO_2^-$-N,其次是 $NO_2^-$-N 和 $NH_4^+$-N。这些污染物通过土层向地下水迁移首先污染潜水含水层。受氮污染的潜水再通过某些途径如结构不合理的井管、废井孔、弱隔水层等越流补给下伏承压水,使承压含水层也产生氮污染。据吴敦敖、刘翔等研究,松散沉积物对有机氮和 $NH_4^+$ 有很强的吸附作用,而且表土层中还有微生物进行强烈的氨化作用和硝化作用,因此 Org-N 和 $NH_4^+$-N 很难穿过非饱和土层而污染地下水。$NO_3^-$-N 基本上不被土层吸附在松散沉积物中,有很强的迁移能力,随着 $NO_3^-$-N 向下淋渗伴有一定量的 $NO_2^-$-N 向地下水迁移。因此,造成浅层地下水氮污染的氮主要是 $NO_3^-$-N,其次是 $NO_2^-$-N。

## 三、氮超标的处理技术

### (一)水体中三氮污染的控制

1.控制污染源

水体中的大量污染都来自人类的排放,因此杜绝人类工农业废水的排放是根本的方法。从源头上对受到污染的水进行处理,达标之后再予以排放。

2.调整能源结构

如采用无污染能源和低污染能源;对污染水质进行预处理;改进厂房设备,改革生产工艺,优先采用无污染和低污染工艺;合理利用能源;回收利用有用的含氮物质;加强监督管理,减少事故性排放和无组织排放;制定地方排放标准、合理的能源价格和分配政策等。

3.加大管理监督

现在很多污染水体都是偷着排放进入水体的。国家应当制定更严格的法规,一旦发现严惩不贷。此外,还要加大管理监督力度,定期对各个存在偷排隐患的企业进行检查。

### (二)水体中氮污染的去除与修复技术

1.硝酸盐氮污染的去除与修复技术

1)物理化学方法去除及修复技术

物化修复方法主要有蒸馏法、电渗析法、反渗透法、离子交换法等。

(1)蒸馏法。原理是经过高温将水变为水蒸气,然后收集冷凝后的水,进而去除硝酸盐,但是此法费用高、去除不具有选择性,且非常耗时。

(2)电渗析法。即在直流电场作用下利用交替排列的阴阳离子交换膜的选择透过性,把电解质从水中分离出来的过程,从而将污染物去除。

(3)反渗透法。利用在一定的压力下只允许水分子通过的半透膜将水分子与水中的其他物质分离以实现水的净化,由于运行费用过高,产生的浓缩液还需要再次处理,而且去除了地下水中的有益物质,故此法在实际应用中有很大的局限性。

(4)离子交换法。脱氮工艺是在离子交换柱内借助于阴离子交换剂上的同性离子和水中的硝酸根离子进行交换反应,从而达到脱氮的目的。此法具有硝酸根去除率高、设备简单操作、易于控制等优点,但树脂需要再生且再生频繁,产生高浓度硝酸盐废液,而这些废液也难以处理。

2)生物法去除及修复技术

目前应用比较成熟的生物法,一般都是建立在硝化和反硝化的基础上的。生物脱氮,就是脱氮菌以有机碳源为电子供体、硝酸盐为末端电子受体,进行兼氧呼吸使硝酸盐转化为氮气而得以消散、去除的过程。此过程受很多影响因子的影响,碳源、pH、DO、脱氮菌剂的活性等。自养生物脱氮不需要有机碳源,以无机的 $CO_2$ 为碳源,将环境中的 $CO_2$、重碳酸盐等,转化为细胞所需要的营养物质,而后进行反硝化作用,从而达到脱氮的目的。可以有两种方式,生物供氢自养反硝化和硫自养反硝化,与异养生物脱氮相比较,氢自养反硝化有其独特的特点,反硝化过程中产生的 $H_2$ 不会污染水体、产污泥量少和产有毒物质少。但是该法也有缺点,比如所产生的氢气易燃、易爆、溶解度低、难以利用、体积大等。

3)化学还原法去除及修复技术

化学还原修复技术主要是利用还原剂的还原作用将硝酸盐氮还原成亚硝酸盐氮、氨氮及氮气而去除。常用的还原剂主要有甲醇、甲酸、$H_2$ 及活泼金属材料等。目前研究较多的还原剂有金属 Fe、$Fe^{2+}$ 和金属 Al 等。铁还原法是化学还原法中研究得最多的课题。硝酸盐与铁粉反应的主要产物为氨氮,占去除硝酸盐氮含量的 75%以上,反应过程有少量的亚硝酸盐氮生成。

2.氨氮的去除与修复技术

氨氮处理技术的选择与氨氮浓度密切相关,而对某一给定废水,选择技术方案主要取决于以下几方面:第一,水的性质;第二,处理要求达到的效果;第三,经济效益,以及处理后出水的最后处置方法等。

现在,政府已经加大对氨氮废水的排放要求,因此对处理技术的要求也越来越高。工业废水的处理方法主要有化学方法、物理方法、生物方法等。其中,化学方法主要包括催化裂解、氨吹脱、离子交换、电渗析、电化学处理等;物理方法主要包括反渗透、蒸馏、土壤灌溉等;生物方法主要包括固定化生物技术、生物硝化、藻类养殖等。目前应用较为广泛的有折点氯化法、氨吹法等。

1)物理法

目前主要运用物理吸附和离子交换。运用比较成熟,效果比较好的有沸石、凹凸棒石或铜树脂等。其中,离子交换法选用对 $NH_4^+$ 离子有很强选择性的沸石,从而达到去除氨氮的目的;但是一般的离子交换树脂对氨氮的吸附选择性不强。沸石具有对非离子氨的吸附作用和与离子氨的离子交换作用,它是一类硅质的阳离子交换剂,对氨氮的吸附选择性很强,且储量丰富,价格低廉。

空气吹脱法是利用废水中所含的氨氮等挥发性物质的实际浓度与平衡浓度之间存在的差异,在碱性条件下,用空气吹脱或蒸汽汽提,将废水中的氨氮等挥发性物质从液相转移到气相中,从而达到从废水中去除氨氮的目的。该方法对高浓度的氨氮废水处理效果良好。吹脱法去除氨氮工艺流程简单,效果稳定。

2)生物法

废水采用生物脱氮技术的基本原理:通过硝化反应将氨氮转化为硝态氮,再通过反硝化反应将硝态氮还原成气态氮从水中逸出,进而脱氮。如果废水中的氮仅为硝态氮,仅需反硝化作用就可达到脱氮的目的。硝化反应是在好氧条件下通过好氧硝化菌的作用将废水中的氨氮氧化为亚硝酸盐或硝酸盐,由于硝酸菌的参与将亚硝酸盐转化为硝酸盐的反应。

3)化学法

化学沉淀脱氮是一种新技术,此法可以处理各种浓度的氨氮废水,尤其适合于高浓度氨氮废水的处理。当某些氨氮废水浓度比较高时,不妨用化学沉淀法处理,化学沉淀法通常脱氮效率高、工艺简单。

3.亚硝酸氮的去除和修复技术

亚硝酸氮虽然在水体中的含量不高,且常处于中间过渡状态,但是亚硝酸盐是剧毒物质,成人摄入 0.2~0.5 g 即可引起中毒,3 g 即可致死。同时,亚硝酸盐还是一种致癌物质。据研究,食管癌与患者摄入的亚硝酸盐含量呈正相关性,亚硝酸盐的致瘤机制是:在胃酸等环境下亚硝酸盐与食物中的仲胺、叔胺和酰胺等反应生成强致癌物亚硝胺。亚硝胺还能够透过胎盘进入胎儿体内,对胎儿有致畸作用。目前,去除亚硝酸盐的方法技术主要为微生物。

## 四、农村饮用地下水氮污染转化特性及其防治

化肥、农药的大量使用严重污染了地下水水质,加上村民大多使用手压井直接抽取浅层的地下水,因此农村往往成为地下水污染的最直接受害者,严重的导致各种癌症的高暴发率。

### (一)氮如何污染地下水

在土壤中,都有铵态氮和硝态氮存在,带正电荷的铵被带负电荷的土壤胶体所吸附,不会向下移动或从土壤中淋湿,而带负电荷的硝态氮不被土壤胶体所吸附,可以随水流自由移动,同时土壤中的微生物通过正常的生理过程产生硝态氮。所以,不管施入的氮是何种形态,硝态氮在土壤中无所不在;除外来的氮源外,土壤本身的有机质分解也释放硝态氮,这些氮对作物亦有效,但同外源氮一样,也会被淋湿,使地下水硝酸盐浓度增加,以致污染水源。

### (二)硝态氮污染地下水途径

#### 1.通过包气带渗入

农田施用的氮肥,除一部分被植物吸收外,剩余部分残留在土壤里。在降水时,随雨水渗入地下污染地下水。

#### 2.地表水侧向渗入

生活污水和工业废水排入河道,不仅污染地表水,而且污染了的地表水又成为地下水的污染源。降雨时农田径流带入地表水体的氮化物占各种活动排入水体氮素的51%,施氮肥地区氮素的流失比不施地区高3~10倍。地表水侧向渗入污染的特征是:污染影响仅限于地表水体的附近,呈带状或环状分布;污染程度取决于地表水的污染程度、河道沿岸地质结构、水动力条件以及距岸边的距离。

#### 3.污灌入渗

利用污水进行灌溉,不仅把残留在土壤中的氮及其污染物带入地

下，同时污水本身的污染物也渗入地下，造成地下水的双重污染。

**(三)硝态氮分布特点及其影响因素**

通过研究不同用途水井中硝态氮污染状况可知，灌溉水井硝态氮含量显著低于饮用水井。这与当地不同用途水井所处地理位置及出水量有关，一般家庭饮用水井需水量相对较少，考虑打井成本，农户选择在住房附近打井，且井较浅；而灌溉水井一般位于地势相对低的水田附近，由于灌溉需水量较大，水井一般建造较深。根据资料，在同样水井管道类型及其他条件相近的情况下，水井深度显著影响硝态氮含量，水井越深，硝态氮含量越小，受污染程度越低。这说明在整个区域，地下水硝态氮污染程度与水井的绝对深度并无显著关系，但在其他条件都近似的条件下，水井的深度与硝态氮污染程度呈显著的负相关。

当然，农业活动和人类活动必然带来硝态氮污染的影响。工业废水，农业上化肥、农药的施加无疑加重了硝态氮的污染，呈现明显正相关。

**(四)氮的转化特性**

地下水氮的转化直接影响氮在地下水中的积累，硝酸盐是地下水中氮的主要形态，亚硝酸盐既可以是硝化作用的产物，又可以是硝酸盐反硝化作用的中间产物，在溶液中很不稳定，氨在地下水中背景含量一般很少。若单井地下水存在一系列还原性的物质，如 $Fe^{2+}$、$Mn^{2+}$、$H_2S$、$CH_4$等物质，这类地下水中 $NO_3^-$ 不会大量积累。这些还原性物质对地表渗入的 $NO_3^-$ 进行还原作用，反硝化过程使地下水中的硝酸盐含量降低。反硝化作用使溶液中 $NO_3^-$、$NO_2^-$ 离子被还原为气态 $NH_3$、$N_2O$、$N_2$。$NH_3$水解成 $NH_4^+$ 离子，在含还原性物质的地下水中 $NH_4^-$ 含量相对较高。中间产物的 $NO_2^-$ 是极不稳定的，在还原条件下可还原为 $NH_3$ 和 $NO$、$N_2$，在氧化条件下可转化为 $NO_3^-$。在少数还原性水体中，由于 $NO_2^-$ 污染，水体氮的转化还没达到动态的反硝化平衡，可能导致 $NO_3^-$ 含量在地下水中暂时异常过高，出现污染现象。在少数氧化性水体中，由于 $NO_2^-$ 或 $NH_4^+$ 直接污染，水体氮的转化还没达到动态的硝化平衡，导致 $NO_2^-$ 或 $NH_4^+$ 含量在地下水中暂时异常过高，出现污染现象。

### (五)饮用地下水氮污染的防治

1.发展生态农业

因地制宜地进行水源安全防护、生态修复和水源涵养等工程建设,严格实行污染物排放总量控制;积极推进循环经济;推广生态养殖,推进畜禽粪便和农作物秸秆的资源化利用;节约灌溉用水。

2.合理利用化肥农药

研究采用多效抗虫害农药,发展低毒、高效、低残留量新农药。完善农药的使用方法,提高施药技术,合理使用农药。施入农田的氮肥,被作物吸收利用的只占其施入时的30%~40%,大部分氮肥经各种途径损失于环境中。确定适宜的施肥时间和施肥量,调整氮、磷、钾肥比例,对氮肥的施量应适当控制,合理的农业运作方式可以减少农田径流带走N、P,控制农业面源污染。

3.加强对畜禽排泄物的处置

农村畜禽,应采取规模化养殖。要加强畜禽粪尿的综合利用,改进粪尿清除方式,制定畜禽养殖场的排放标准、技术规范及环保条例,建立示范工程,积累经验逐步推广。加强农村环保工作,改善农村环境质量,改造中心村的生活垃圾收运、处置设施,以及生活污水处理设施。

4.建设集中供水工程

在水井建设方面,应考虑水井本身性质,饮用水井宜采用单节材料作水井管道,如塑料、铁管等,而针对各户建造深水井成本较高的情况,应以村庄为单元,集中建造深水井,提供自来水模式,保证该区饮用水安全。

5.加强供水水源水质监测

加强对集中供水水源和自备水源的水质监测,及时掌握饮用水水源环境、供水水质状况,并定期检查,及时发现问题,解决问题。

# 第八章　负电位水的原理及作用

## 第一节　负电位水的原理

### 一、负电位水的概念

负电位水，俗称为“还原水”或“还元水”。氧化还原电位（Oxidation Reduction Potential，ORP）是水溶液氧化还原能力的测量指标，其单位是mV（milli Volts）。如水的ORP值为（+）正数，即水为氧化剂，数值越高，代表水的氧化能力越强；如水的ORP值为（-）负数，即水为还原剂，或称“抗氧化剂”，数值越低，代表水的还原能力（把氧化逆转的能力，即抗氧化能力）越强。当“氧化还原电位值”为负数时，一般简称为“负电位”，自来水作为合格的生活饮用水，各项指标均在国家饮水安全控制范围之内，以它的电位值作为一个基数，那我们从如图8-1所示的科普图上就能知道水的机制作用了。

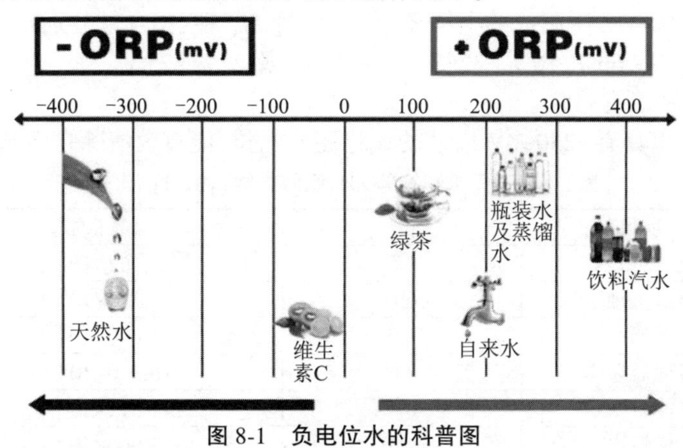


图8-1　负电位水的科普图

**(一)电解还原水到底是什么水**

将净化后的自来水通过带直流电的电解槽:依同性相斥、异性相吸的原理,水中带正电的钙离子、钾离子、镁离子、钠离子等有益健康的矿物质汇集到阴极,成为带有(-)负电位的电解还原水。

水中带负电的氯、三卤甲烷、磷酸、硫酸、硝酸等物质汇集到阳极,成为带有(+)正电位的酸性氧化水。

因电解化作水的构成分子变小,并将分子团排列整齐。

阴极成为带有(-)负电位,会分解水($H_2O$)变成活性氢。

阳极成为带有(+)正电位,会分解水($H_2O$)变成活性氧。

电解还原水是指从阴极汇集的水。酸性氧化水是指从阳极汇集的水。

实际上,电解还原水就是含有丰富的活性氢,具有还原作用的水。通过它的还原作用,可以清除人体内的自由基。

**(二)电解还原水的特点**

1.干净的水

电解还原水不含对人体有害物质,如余氯、有机物、重金属及细菌、病毒。近年来,有资料指出:电解还原水能清除50%的氟化物。有些试验资料指出,它甚至可以处理掉水中所有的氟化物或使之转为无毒性。

2.保留一些对人体有益的元素

电解还原水可保留钙、镁、钾、钠等元素,使它们呈离子状态,易于被人体吸收。所制成的电解还原水中,钙、镁、钾、钠含量分别较原水中增加33%~66%、10%~32%、42%~133%及22%~25%。

3.产生负电位

产生具有-250 MV以下的氧化还原电位,能有效清除自由基。

**表8-1　不同水和饮料pH、氢氧根数($OH^-$)的比较**

| 项目 | pH | 氢氧根数 |
| --- | --- | --- |
| 普通可乐 | 2.5 | $3.162\times10^{13}$ |
| 反渗透纯水 | 6.8 | $6.310\times10^{17}$ |
| 蒸馏水 | 7.0 | $1\,000\times10^{18}$ |
| 普通瓶装水 | 7.8 | $6.310\times10^{18}$ |
| 过滤自来水 | 8.4 | $2.512\times10^{19}$ |
| 碱性水 | 10.0 | $1\,000\times10^{21}$ |

### (三)正负电位与人体

电位是指带电荷的一种电,其中呈(+)的是正电位,呈(-)的是负电位。

现在科学研究发现:根据人体内的正电位和负电位的流量,人的心情也有所不同。

人体内同时存在正电位和负电位。正电位多的人免疫力弱,易得慢性病,属酸性体质;负电位多的人细胞活跃、免疫力强,属弱碱性体质。

负电位是一种负电位场,作用于人体,可以让人体正电荷不规则运动进行重新排列。

### (四)负电位水的作用机制

一切正常体细胞以细胞质为界,细胞质外为正电位,内为负电位。因负电位自始至终超过正电位造成的差,将体细胞内转化成的有害物清除到身体之外(细胞质渗透性好)。

沉积过多的异常体细胞结构有正电位,造成细胞呼吸功效不高。细胞质外的正电位高过负电位,体细胞内有害物质等没法清除至身体之外,植物体节奏感被摆脱,体细胞组织失去活力;另外,病变位置的人体组织器官,正电位上升影响其电流量,对身体造成欠佳影响。

身体缺乏负电位,就会造成自律神经失衡、更年期阻碍及高血压、动脉硬化、脑卒中、心脏病、神经痛、肝功能降低、胃肠疾病等,还会出现雀斑、皱纹等老化状况。

身体缺乏负电位,还会造成微绒毛健身运动减弱,呼气时没法排出有害物质。缺乏负电位影响全身 $CO_2$ 的供应,造成躁动不安、失眠、眩晕、心态不稳、记忆能力及体力降低、神经质。

负电位水的 pH 为弱碱性,它有利于平衡人体内由于过度劳累(精神和体力)产生的血乳酸,使人尽快消除疲劳。

负电位水(ORP 从 0 到-200 mV),可以平衡人体在新陈代谢过程中产生的过氧化自由基,提高 SOD 的活力以及消除过氧化脂质的降解物丙二醛(MDA),使细胞始终充满活力,保持健康。同时,负离子可以帮助人体清除有害的氰化物、铬酸盐、亚硝酸盐以及重金属和惰性金属。

因此，负电位水是一种具有一定保健作用的饮用水。

## 二、负电位和氢水作用的关系

氢分子游离在水中可以产生负电位，但负电位和氢气并没有必然的联系，负电位也不是氢气发挥作用的原因，氢水负电位的唯一作用是作为分析氢气浓度的参考指标，有些人把氢水的负电位作为宣传的依据，在短时间内或许能吸引一些人的注意，也似乎容易让人理解。

负电位代表水的还原性，氢气有还原性，水的负电位正好可以反映水中含有氢气，于是有人就进一步联系认为负电位就是氢水发挥作用的本质，但这是错误的，而且具有极大的危害性，需要引起重视。负电位只能作为检测氢水的参考，可以作为宣传氢水作为氢气浓度的参考值，但不能把氢气的作用等价于水的负电位。

氧气是氧化剂，水中溶解氧气就可以造成水的正电位，普通水中含有一定量的氧气，所以通常水表现为正电位。当氢气分子在水中溶解的过程中，可以减少水中的氧气分子。因此，氢水产生负电位只有两个重要因素，一个是由氧气浓度下降造成的，另一个是氢气浓度增加造成的。总之，氢气不是决定负电位或氧化还原电位的唯一因素，负电位不能作为氢气浓度的检测指标。

## 三、负电位被滥用的危害

维生素 C 也具有很强的还原性，如果在水中溶解维生素 C，可以获得比较高的负电位值。一些蔬菜水果汁，因为含有多种还原剂，用氧化还原测定可以表现为比较高的负电位值，有人会误认为这种水是含有氢气比较多的水，这完全是把负电位等价于氢气的错误概念，这种负电位水可能和氢气毫无关系。把负电位水作为氢气水的指标，会造成一些没有氢气的伪氢水进入市场，这对氢气产业和氢气医学研究都可能会产生极大危害。

## 四、碱性水负电位存在虚高的问题

氧化还原电位是用氢电极进行分析的，氢电极工作的化学原理是：

$2H+2e=H_2$。显然可以看出，当水中氢气增加时，这个反应不容易发生，检测出的结果表现为负值。

另外一个因素就是氢离子水平，氢离子含量越高，水的酸性越大，这个反应越容易发生，检测的结果和氢气正好相反，所以如果水是酸性的，水就容易表现为正电位，或者容易出现偏差。相反，如果氢离子比较少，如在碱性情况下，水的负电位也就更高。这也是许多碱性电解水与氢硅料表现出更高的负电位值的原因，其实这种水中氢气的浓度并不那么高，只需要用一定酸中和，再进行分析就可以发现这个秘密。所以，用金属镁、氢硅料和电解的氢水负电位比较大的一个重要因素就是这种水是碱性的。通过物理混合技术制作的氢水，负电位反而不高，试验效果不明显，但是这种水恰好是物理混合适当的，才是更安全、更好的水。

## 第二节　负电位水的作用

### 一、负电位水的用途

泡茶：用负电位水能去除苦涩，中和单宁酸，活化茶酵素，并充分溶解释放出茶叶香气，所以喝好茶就需要喝好水。

调酒：口感极佳，若用负电位水做冰块，放酒中不仅爽口，还不宜宿醉。

泡奶粉：用负电位水补充钙质。

烹饪：负电位水因分子小、渗透力强、溶解度高，热传导性极佳，能够很快煮熟食物，故能节省燃气、电费与工作时间。

煮饭：用负电位水煮饭，饭粒澎润，有弹性，不易变色、腐败。一般用自来水淘米或者煮饭，水中余氯会破坏米的维生素，故淘米时可用无氯的负电位水。

肝脏和肉类：用负电位水浸泡 15 ~ 30 min，可除血腥，保持肉质鲜美。

发芽：用负电位水浸泡种子，能促进发芽，提高成长效率。

还原干燥食品:用负电位水浸泡干燥食品,还原时间更短。

浇花草树木:成长非常快速,不易发臭且耐虫害,又鲜艳翠绿。

## 二、负电位对人体的功效

负电位作用于人体,可以让人体正电荷不规则运动进行重新排列。负电位可使血液中的钙、钠离子比例上升,加速血液弱碱化,血液呈弱碱性可减少胆固醇等废物粘在血管壁上,对预防动脉硬化、中风、心脑血管疾病皆有很大的功效。电位是指带电荷的一种电,其中呈(+)的是正电位,呈(-)的是负电位。人体内同时存在正电位和负电位。正电位多的人免疫力弱,易得慢性病,属酸性体质;负电位多的人细胞活跃、免疫力强,属弱碱性体质。

### (一)负电位对人体的影响

正常细胞以细胞膜为界,细胞膜外为正电位,内为负电位。因负电位始终多于正电位产生的差,将细胞内生成的有害物质排出体外(细胞膜通透性好)。

堆积过多的非正常细胞构造的正电位,导致细胞呼吸作用低下,细胞膜外的正电位高于负电位,细胞内有害物质等不易排出体外,生物体节奏被打乱,细胞组织失去活力。

病变部位的组织和器官,正电位自然升高影响其电流,导致体能低下,对人体产生不良影响。

若体内缺少负电位,会导致自律神经失调、更年期障碍以及高血压、动脉硬化、脑卒中、心脏病、神经痛、肝功能下降、肠胃病,还会出现雀斑、皱纹等老化现象。

体内缺少负电位导致纤毛运动弱化,呼吸时无法排出有害气体。还会影响全身氧气的供应,导致不安、失眠、眩晕、情绪不稳、记忆力及耐力下降。

### (二)负电位水对人身心健康的作用

具体来说,负电位水对人的身心健康有六大好处:

(1)促进新陈代谢,增加免疫力。当身体负电位提升时,因细胞质极性物质的沟通交流让体细胞活性增强,使各种营养元素被体细胞充足消化吸收,而体细胞中的废弃物可彻底排出来,提高基础代谢能力,增强免疫力。

(2)净化血液、改善动脉硬化。负电位可使血液中的钙离子、钾离子占比升高,加快血液碱性化,血液呈弱碱性可降低胆固醇等废弃物粘在血管内壁,对防止动脉硬化、中风、心脏血管病症皆有非常大的作用。

(3)促进酵素活性化,减轻肝脏负担。肝脏所产生的水果酵素是保持生命活动必不可少的关键物质,而水果酵素的活性化取决于血液的酸碱度,因负电位能够净化血液,从而促进水果酵素活性化,大大缓解肝脏压力。

(4)调节自律神经系统,改善自律神经失调症。自律神经是控制身体全部内脏器官、血管、内分泌等与我们信念控制无关的神经,是保持生命不能缺少的基本功能。这类关键的神经功能会借着消化吸收负电位(负离子)而得到均衡(正负极中枢神经做到平衡状态),连同与自律神经有密切相关的内分泌作用也会畅顺,对于当代人持续提升的自律神经失调症(比如失眠、头痛、神经痛、喘气、耳鸣、心神不安、头昏脑涨等),皆有改善作用。

(5)促进肠胃蠕动,改善肠胃不适。负电位可推动肠胃蠕动,并使肠内水果酵素活性化,避免肠内病菌异常滋长,维持胃肠通畅,改进便秘、胃部不适等。

(6)止痛、消炎、加速伤口愈合。对于一般炎症、创伤创口、人体各种疼痛,有消炎、退肿、抑止疼痛,加快伤口修复,加速血液循环等作用。

## 三、负电位水在临床医学的应用和功效

负电位水是现在非常有效的抗氧化剂。它能够激活细胞,促进人体的新陈代谢。简单来说,负电位水就是富含氢气的水。负电位水对人体有很多好处。

### (一)预防身体老化

氧化会引起人体的衰老,而负电位水是很好的抗氧化剂。氢水中所含有的氢元素会与多余的氧气相结合,从而减弱氧化作用,以防止身体的老化。

### (二)预防高血压

人体呼吸的多余氧气能够与体内的不饱和脂肪酸相结合,变成稠糊的过氧化脂质,附着于动脉内部,促进动脉硬化,令血液不能顺利流动,引发高血压。而负电位水所含的氢,会与多余的氧气相结合,这样可以防止不饱和脂肪酸与活性氧相结合生成过氧化脂质不饱和脂肪酸,达到预防高血压的效果。

### (三)缓解过敏症状

人体本身有抵抗力及免疫力,由白细胞生成的含杀菌性(氧化性)活性氧对于侵入人体的病菌、异物等进行攻击从而起到保护身体的功能,但是在攻击过程中与本来没必要攻击的花粉等变态反应原发生反应,生成过剩的活性氧,反而会导致周围正常细胞及血管等受损伤。然而,利用活性氢水中所含有的氢素的电子,使之与过剩活性氧相结合,从而生成无害的水,对过敏性症状的缓解极其有效。

### (四)改善糖尿病

糖尿病是因为胰岛素分泌不正常,或者其接受体发生异常而引起的疾病。其实就是胰脏的胰岛细胞及其受容体受不了活性氧的攻击,容易引起损伤。利用活性氢水中所含有的氢素的电子,使之与过剩活性氧相结合,从而生成无害的水,让胰岛及其受容体恢复正常机能,令糖尿病的症状得到改善。

### (五)预防病毒性感染症

大量病毒进入人体的话,活性氧过剩生成的毒性(氧化性)会令免疫细胞自然消灭。通过负电位水中含有的活性氢的还原力,去除多余的活性氧,可以防止免疫细胞自然消灭。

### (六)消除便秘

胃肠蠕动把食物碎成食糜,并不断向前推进,便于食物的消化和吸收。水是小分子团,弱碱性水的综合作用,促进了消化液(包括唾液、胃液、胰液、胆汁、小肠液和大肠液)的分泌,促进了胃肠蠕动,促进食糜的传送和粪便的排出,促进胃肠的血液循环,这些都有利于食物的消化和吸收,利于消除便秘。胃肠正常蠕动和正常血运,提高了消化吸收功能,保证了营养的吸收,起到强身健体的作用。由于便秘的消除,大肠排毒顺利,阻断了体内酸毒的恶性循环,真正做到了“无毒一身松”。

**(七)减少心脑血管疾病**

心脑动脉粥样硬化症由高血脂、高血压和有症状性低血压而形成,也可由平时血脂血压不高的人,因长期饮食热量过剩,摄取饱和脂肪酸过多,产生的低密度脂蛋白(LDL)和极低密度脂蛋白(VLDL)偏高而形成。疾人体内的胆固醇,像垃圾一样堆积到动脉血管壁上,使管腔狭小或堵塞,易造成心肌梗死(堵塞冠状动脉)或脑梗死(堵塞脑动脉)。长期饮用小分子水后,高密度脂蛋白(HDL)升高,LDL 和 VLDL 含量相应降低,动脉壁上的胆固醇沉积就会逐渐地减少,从而扩大心脑动脉流量。

# 第九章　纯净水对人体的健康影响

## 一、纯净水缺失的那些元素

人们每天会从摄入的食物、饮水中获取所需要的氧、氮、氢、磷、钠、钾、钙等。人体的细胞器官的正常运行需要它们，而纯净水在杀死细菌的同时将它们过滤掉了。例如，我们熟知的钾，是在人体中起着很重要的维持细胞正常状态的阳离子，如果缺钾很可能引起心肌坏死；钙同样是不可缺少的元素，很多人一直想办法补钙，其他的元素也都是生命正常活动所需，还有一些微量元素，我们基本是靠饮水获取，而纯净水中缺失这些元素，长期饮用对我们身体有着很严重的影响。

纯净水不但除掉了所有对人体有害的物质，也除去了许多对人体健康十分重要的“人体必需微量元素”。对于这些元素，人体需要量是极微量的，每天在正常饮食中就可以得到满足。现在，从正常饮水中能获得的这部分必需微量元素，由于喝纯净水而被除去。这就满足不了人体正常需要。长久下去，对健康造成不可挽回的危害。这种危害是慢性的、不易觉察到的，而且是危及后代的。其中，影响最大的是锌、镁、碘这 3 种元素。这几种元素，虽然在水中含量极微小，但它们本来在食物中就很缺乏，若把水中这一点微量元素除干净，这就造成了雪上加霜。这 3 种元素都跟生殖发育和智力发育直接有关，缺乏时，影响神经系统的发育，甚至影响子孙后代。

在正常膳食中，有许多无机盐都可以得到满足，如自来水中，就有 30 种人体需要的无机盐。纯净水中将这部分除掉了，人体就补充不到无机盐的需要量。长期饮用，将造成营养失衡，人的健康也会因此受到影响，严重的将引发疾病。

纯净水并不纯净。纯净水的制配是很复杂的，它既然是高新技术成果，当然有很高的技术含量，并非谁都能生产的。其中，离子交换器和膜过滤器需要经常进行技术处理和清洗，这叫离子交换器和膜过滤器的再生技术。但大多数的纯水厂，都不掌握这种再生技术。结果，在交换器和过滤器中，富集了大量的细菌和污物，用的时间越长，积累的细菌和污物就越多，最后从这里过滤出来的水，反而比自来水中细菌和污物的含量要高得多。换句话说，这个交换器和过滤器已成了污染源。所以，据有关检测部门公布的数据，每年检测纯水的合格率都不高。很多不合格的"纯水"在销售，而人们又把它当成纯净水饮用，危害比自来水要大得多(因为对于自来水，人人都知道需煮开再喝)。

纯净水进入人体后，因为它不含各种正负离子，所以溶解性能很强，这样不仅可以把各种有害废物和有害微量元素溶解，排出体外，也可以溶解人体非常需要的各种必需微量元素，并排出体外。

纯净水的分子结构，经过净水器处理后会发生重排现象，使纯水分子的结构变为极度串联和线团化。这种水分子，不易通过细胞膜，会导致身体内有益的相关元素向体外流失。有些敏感的人感觉越喝越渴，越渴越想喝。长期喝纯净水会感觉无力。这对正在长身体的青少年有比较突出的副作用。

## 二、长期喝纯净水的危害

### (一)长期喝纯净水会让人体营养流失

因为自来水中含有很多细菌和病毒，所以越来越多的人习惯性地饮用纯净水，但是与此同时频繁地过滤加工工艺不仅过滤掉了杂质，杀死了细菌，同时也将人体所需要的营养物质及一些矿物质过滤掉了，长期饮用纯净水会造成人体矿物质的缺失。

### (二)长期喝纯净水会致人亚健康

纯净水中失去了有益的矿物质，对人体的生理机能也有危害，特别是孕妇最好少喝纯净水，以满足人体所需要的矿物质的需求。也有很多报道：由于长期饮用纯净水，有些孩童和老人出现了疾病症状。

## 三、纯净水常见的问题

### (一)常喝纯净水并不会使体液变酸

纯净水是指采用过滤、加热、蒸馏等方式纯化的水，不含添加物，可直接饮用。根据纯化方式,纯净水分不同种类,比如,以过滤反渗透方式处理的是过滤水,加热蒸馏处理的是蒸馏水。经反渗透处理的过滤水中含有人体所需的少量微量元素,经高温处理过的蒸馏水则基本不再含有。纯净水并不是不含任何微量元素,只是通过处理以后,钙、镁、钾、钠等人体必需的矿物元素显著减少。

人体体液的正常 pH 为 7.35~7.45,尽管机体在不断产生和摄取酸碱类物质,但是体液 pH 并不发生明显变化。这是因为一方面人体体液是一个缓冲体系,pH 受外界影响较小;另一方面,肺和肾的调节作用会减轻 pH 的显著变化。长期饮用纯净水并不会导致体液越来越酸。

**(二)常喝纯净水不利于矿物质吸收**

因为水中的矿物质会参与人体的电解质平衡,没有矿物质的水容易造成体内营养物质流失,而且不利于人体所需的各种营养物质的吸收和新陈代谢。水中矿物质可以满足人体每日矿物质需求量的 10%~30%。水中的矿物质呈离子态,容易被人体吸收,而且比食物中的矿物质吸收快,水中的矿物质进入人体 20 min 后,就可以分布到身体的各个部位。水中的矿物质对人体生命与健康来说是不能缺少的,不能用食物中的矿物质完全取代水中矿物质的作用。

## 四、高浓度的富氧水对人体的危害

富氧水即在纯净水的基础上添加活性氧的一种饮用水。

如果人们长期饮用高浓度富氧水,可能对体内自由基会有一定的严重影响,比如说,可以通过氧化作用来损害所遇到的任何分子,会使人体的大部分物质产生过氧化,引起交联或者断裂,还有可能引起细胞结构的功能破坏。

它可能会对蛋白质有一定的损坏,因为自由基可以直接地用于蛋白质,也可以通过过氧化产物,间接对蛋白质产生破坏,会使身体严重地受到蛋白质破坏影响,引起身体的一些健康情况。

另外,自由基可能会对脂质的损坏非常大,脂质受到自由基的破坏会发生氧化反应,会因为这些自由基破坏而严重地影响膜的各种生理功能,而且自由基对生物膜组织的破坏也是很严重的,可能会引起细胞功能的极大紊乱。

## 五、高浓度的电解富氢水对人体的危害

高浓度的电解富氢水失去了人体必需的矿物质和微量元素，越是好的有营养的水，电解后沉淀出来的所谓的“肮脏”物质越多，这些“肮脏”物质即矿物质和微量元素。

高浓度富氢水的活性和溶解度极高，进入体内溶解稀释人体营养，长饮和多饮会造成人体营养失衡，令人越喝“离子水”越口干，直接影响身体健康。

长饮和多饮含氢硅氧根离子的高浓度富氢水，会降低和中和胃酸，破坏了正常消化功能。

激活的高浓度电解水会加速新陈代谢，使人体细胞、器官加速运转，使人加速成熟、衰老。

# 参考文献

[1]董维娜.生态文明建设背景下水资源可持续发展研究——评《中国水资源与可持续发展》[J].人民黄河,2019,41(11):173.

[2]张咏梅.黄河实现连续20年不断流[J].治黄科技信息,2019(5):14.

[3]郑丙辉.中国湖泊环境治理与保护的思考[J].民主与科学,2018(5):13-15.

[4]岳鹏,丁昀,杨庆,等.超滤技术在城镇给水处理中的研究进展与应用[J].净水技术,2017,36(4):36-42.

[5]杨海洋.混凝/超滤处理微污染地表水及滤饼调控去除污染物研究[D].哈尔滨:哈尔滨工业大学,2017.

[6]郜玉楠,王信之,宗子翔,等.混凝-超滤短流程工艺膜污染特性及防治研究[J].水处理技术,2017,43(3):78-81.

[7]李蕾.静电纺丝壳聚糖纳米纤维膜的制备及对六价铬离子吸附的研究[D].北京:中国科学院研究生院(过程工程研究所),2016.

[8]杨云,顾平,刘阳,等.沉淀-微滤组合工艺处理模拟含碘放射性废水[J].化工学报,2017,68(3):1211-1217.

[9]雷晓玲,袁廷,刘兰,等.粉末活性炭-微滤组合工艺处理重庆山地农村微污染水源[J].环境工程,2016,34(1):36-40.

[10]黄海鸥,杨禹.纳米材料与低压膜技术的耦合及其在饮用水处理中的应用[J].北京师范大学学报(自然科学版),2016,52(6):823-828.

[11]郭庆龄,赵丽芹,甘树,等.突发自然灾害应急饮用水反渗透处理工艺研究[J].浙江大学学报(理学版),2017,44(6):666-674.

[12]黄芳芳,李金城,渠帅,等.反渗透浓缩液处理技术的现状与进展[J].净水技术,2017,36(7):40-44.

[13]张平允,殷一辰,周文琪,等.纳滤膜技术在饮用水深度处理中的应用现状[J].净水技术,2017,36(10):23-34.

[14]李圭白,梁恒.创新与我国城市饮用水净化技术发展[J].给水排水,2015,51(11):1-7.

[15]李圭白,李星,瞿芳术,等.试谈深度处理与超滤历史观[J].给水排水,2017,53(7):1,48.

[16]孙本惠.到 2019 年全球分离膜市场需求预期将以年均 8.6%的高速增长[J].膜科学与技术,2016,36(1):6.
[17]肖楚新.未来家居的发展趋势——智能厨房[J].现代装饰(理论),2016(1):117.
[18]张洪铭,冯光,倪兵.探究智能家居时代智能厨房系统的构造及其重要性[J].科技风,2017(16):11.
[19]李志刚.科技赋能厨房,开启智慧新篇章[J].电器,2019(5):16-18.
[20]姬雅君.智能厨房中的人性化设计[J].大众文艺,2017(10):117-118.
[21]王诚华,杨婧.意境在创意产品设计中的应用研究[J].六盘水师范学院学报,2016,28(5):46.
[22]杨卫娟,周君.浅析粗苯预处理技术[J].化工管理,2017(15):142-143.
[23]关珍洋.浅析互联网与物联网的联系及其发展趋势[J].电脑知识与技术,2016,12(3):276-278.
[24]田永英.气候适应型城市水安全保障系统构建策略研究[J].阅江学刊,2018,10(2):54-60,145.
[25]田杨,杨岸,孔龙,等.基于 PLC 的家庭节水控制系统的设计[J].黑龙江科技信息,2016(8):160.
[26]崔小彪.基于 ZigBee 的农业智能自动化节水灌溉系统[D].长春:吉林大学,2017.
[27]金玉洁.基于用户体验的产品包装设计策略[J].包装工程,2017,38(10):80-85.
[28]朱万浩,章盼梅.在线检测仪表安装与调试的几点思考[J].仪器仪表与分析监测,2018(1):22-25.
[29]程立.在线水质分析仪器应用技术的发展[J].分析仪器,2011(2):75-78.
[30]黄伟明,武云志.营养盐在线分析仪表在污水处理厂的应用[J].中国给水排水,2014,30(8):30-32.
[31]汪志国,刘廷良.地表水自动监测站高锰酸盐指数在线监测仪测定误差原因分析及解决办法[J].中国环境监测,2006(1):66-69.
[32]何虎军,蔡金王,金松.地表水在线水质分析仪实际水样测量准确性和稳定性影响因素分析[J].四川环境,2017,36(S1):72-74.
[33]张娜.地下井水铁锰超标的危害及去除[J].科技创业家,2013(17):204.